“中国名门家风丛书”编委会

编辑主持：方国根　李之美

本册责编：武丛伟

装帧设计：石笑梦

版式设计：汪　莹

中国名门家风丛书

王志民 主编　　王钧林 刘爱敏 副主编

琅琊王氏家风

赵 静 著

人 民 出 版 社

总　序

优良家风：一脉承传的育人之基

王志民

家风，是每个人生长的第一人文环境，优良家风是中华优秀传统文化的宝库，而文化世家的家风则是这座宝库中散落的璀璨明珠。

历史上，中国是一个传统的农业宗法制社会，建立在血缘、婚姻基础上的家族是社会构成的基本细胞，也是国家政权的基础和支柱。《孟子》有言："国之本在家，家之本在身"，所谓中华文明的发展、传承，家族文化是个重要的载体。要大力弘扬中华优秀传统文化，就不可不深入探讨、挖掘家族文化。而家风，是一个家族社会观、人生观、价值观的凝聚，是家族文化的灵魂。

以文化教育之兴而致世代显贵的文化世家，在中华文明发展史上，是一个闪耀文化魅力之光的特殊群体。观其历程，先后经历了汉代经学世家、魏晋南北朝门阀士族、隋唐至清科举世家三个不同发展阶段。汉代重经学，经学世家以“遗子黄金满籯，不如教子一经”的信念，将“累世经学”与“累世公卿”融二为一，成为秦汉大一统之后民族文化经典的重要传承途径之一。魏晋南北朝是我国历史上一个分裂、割据，民族文化大交流、大融合时期，门阀士族以“九品中正制”为制度保障，不仅极大影响着政治、经济的发展，也是当时的文化及其人才聚集的中心所在。陈寅恪先生说：汉代以后，“学术中心移于家族，而家族复限于地域，故魏、晋、南北朝之学术宗教皆与家族、地域两点不可分离”。隋唐以后，实行科举考试，破除了门阀士族对文化的垄断，为普通知识分子开启了晋身仕途之门。明清时期，科举更成为唯一仕进之途。一个科举世家经由文化之兴、科举之荣、仕宦之显的奋斗过程，将世宦、世科、世学结合在了一起，成为政权保护、支持下的民族文化及其精神传承的重要节点连线。中国历史上的文化世家不仅记载着中华文化发展的历史轨迹，也积淀着中华民族生生不息的精神追求，是我们今天应该珍视的传统文化宝库。

分析、探究历史上文化世家的崛起、发展、兴盛，尤其是其持续数代乃至数百代久盛不衰的文化之因，择其要，则首推良好家风与优秀家学的传承。

优良家风既是一个文化世家兴盛之因，也是其永续发展之基。越是成功的家族，越是注重优良家风的培育与传承，越是注重优良家风的传承，越能促进家族的永续繁荣发展，从而形成良性的循环往复。家风的传递，往往以儒家伦理纲常为主导，以家训、家规、家书为载体，以劝学、修身、孝亲为重点，以怀祖德、惠子孙为指向，成为一个家族内部的精神连线和传家珍宝，传达着先辈对后代的厚望和父祖对子孙的诫勉，也营造出一个家族人才辈出、科甲连第、簪缨相接的重要先天环境和文化土壤。

通观中国历代文化世家家风的特点，具体来看，也许各有特色，深入观其共性，无不首重两途：一是耕读立家。以农立家，以学兴家，以仕发家，以求家族的稳定与繁荣。劝学与励志，家风与家学，往往紧密结合在一起。文化世家首先是书香世家，良好的家风往往与成功的家学结合在一起。耕稼是养家之基，教育即兴家之本。“学而优则仕”，当耕、读、仕达到了有机统一，优良家风的社会价值即得到充分的显现。二是道德传家。道德为人伦之根，亦为修身之基。一个家族，名显当世，惠及子孙者，唯有道德。以德治家，家和万事兴；以德传家，代代受其益。而道德的核心理念就是落实好儒家的核心价值观：仁、义、礼、智、信。中国传统知识分子的人生价值追求及国家的社会道德建设与家族家风的培育是直接紧密结合在一起的。家风是修身之本、齐家之要、治国之基。文化世家的优良家风积淀着丰厚的道德共识和治家智慧，是我们当今应该深入挖掘、阐释、弘扬的优秀传统文化宝藏。

20世纪以来，中国社会发生了巨大的质性变化：文化世家存在的政治、经济、文化基础已经荡然无存，它们辉煌的业绩早已成为历史的记忆，其传承数代赖以昌隆盛邃的家风已随历史的发展飘忽而去。在中国由传统农业、农村社会加速向工业化、城市化转变的今天，我们还有没有必要去撞开记忆的大门，深入挖掘这一份珍贵的文化遗产呢？答案应该肯定的。习近平总书记曾经满含深情地指出："不忘历史，才能开辟未来；善于继承，才能善于创新。优秀传统文化是一个国家、一个民族传承和发展的根本，如果丢掉了，就割断了精神命脉。"优秀的传统家风文化，尤其是那些成功培育了一代代英才的文化世家的家风，积淀着一代代名人贤哲最深沉的精神追求和治家经验，是我们当今建设新型家庭、家风不可或缺的丰富文化营养。继承、创新、发展优良家风是我们当代人必须勇于开拓和承担的历史责任。

在中华各地域文化中，齐鲁文化有着特殊的地位与贡献。这里是中华文明最早的发源地之一，在被当代学者称为中华文明“轴心时代”的春秋战国时期，这里是中国文化的“重心”所在。傅斯年先生指出：“自春秋至王莽时，最上层的文化，只有一个重心，这一个重心，便是齐鲁。”（《夷夏东西说》）秦汉以后，中国的文化重心或入中原，或进关中，或迁江浙，或移燕赵，齐鲁的文化地位时有浮沉，但作为孔孟的故乡和儒家文化发源地，两千年来，齐鲁文化始终以“圣地”特有的文化影响力，为民族文化的传承、儒家思想的传播及中华民族精神家园的建设作出了其他地域难以替代的贡献。齐鲁文化的丰厚底蕴和历史传统，使齐鲁之地的文化世家在中国古代文化世家中更具有一种历史的典型性和代表性，深入挖掘和探索山东文化世家对研究中国历史上的文化世家即具有一种特殊的意义和重大价值。

自2010年年初，由我主持的重大科研攻关项目《山东文化世家研究书系》（以下简称《书系》）正式启动。该《书系》含书28种，共约1000万字，选取山东历史上的圣裔家族、经学世家、门阀士族、科举世家及特殊家族（苏禄王后裔、海源阁藏书楼家族等）五个不同类型家族展开了全方面探讨，并提出将家风、家学及其与文化名人培育的关系作为研究的重点，为新时期的家庭教育及家风建设提供历史的范例。该《书系》于2013年年底由中华书局出版后，在社会上、学术界都引起了较大反响。山东数家媒体对相关世家的家风

进行了追踪调查与深度报道，人们对那些历史上连续数代人才辈出、科甲连第的世家文化产生了浓厚的兴趣；对如何吸取历史上传统家风中丰富的文化滋养，培育新时期的好家风给予了更多的关注与反思。人民出版社的同志抓住机遇，就如何深入挖掘、大力弘扬文化世家中的优良家风，培育社会主义核心价值观，重构新时代家风问题，主动与我们共同研究《中国名门家风丛书》的编撰与出版事宜，在全体作者的共同努力下，经过一年多的努力，终于完成。

该《中国名门家风丛书》，从《书系》所研究的28个文化世家中选取了家风特色突出、名人效应显著、历史资料丰富、当代启迪深刻的家族共11家，着重从家风及家训等探讨入手，对家族兴盛之因、人才辈出之由、优良道德传承之路等进行深入挖掘，并注重立足当代，从历史现象的透析中去追寻那些对新时期家风建设有益的文化营养，相信这套丛书的出版会受到社会各界的关注与喜爱！

2015年9月28日

于山东师范大学齐鲁文化研究院

目录

前　言

在山东省临沂市中心的人民广场和沂河南岸的书法广场，各建有一座王羲之雕像，一个依假山观鹅而坐，捻须而思；一个则手持毛笔，凝神伫立。在洗砚街和书院巷交汇处，以王羲之故居为中心，还建有羲之公园。对于有着悠久文化历史的临沂市来说，王羲之并非这座城市历史上官位最显赫者，也不是智谋最出众者，他却以一笔妙绝天下的行书成为当代临沂最显著的文化标识。

王羲之出生于西晋惠帝太安二年（303），卒于东晋穆帝升平五年（361）。这一时期正是中国政治制度从皇权专制向门阀政治过渡的时期；大约在羲之15岁时，他所在的琅玡王氏家族在王祥、王衍、王导等几代人的努力下，取得了几乎可与皇权并立的地位，民间所谓的“王与马，共天下”说的就是这个时候的事。王羲之家族的渊源可以上溯至东周时期，周灵王太子晋因直谏被废为庶人，其子守敬为司徒，因而被人称为王家，并以此产生了“王”氏之姓。王氏家族的八世孙王错为魏国将军，十五世孙王翦为秦大将军。王翦玄孙王元为躲避秦末大乱，举家迁于琅玡，至西汉时期，王吉又迁至临沂都乡南仁里，并由此定居下来，由此诞生了琅玡王氏家族。至魏晋王祥、王览之后，经过几代人的努力，琅玡王氏家族发展成为中古第一豪族。政治上世禄不替，文艺上累世风流，共同构成了琅玡王氏家族的主要特点。

琅玡王氏家族形成、发展的主要时期是魏晋南北朝，这同时也是中国古代历史中最为典型的乱世，在短短400年的时间中，大大小小共建立了30个国家。东汉中后期的童谣有:“举秀才，不知书。举孝廉，父别居。寒素清白浊如泥，高第良将怯如鸡。”这直接对汉末当权者的昏庸与政治上的黑暗进行了无情的讽刺。在那个黑白颠倒的社会中，以才高学深被推荐为秀才的人根本不知诗、书、礼、乐；以孝敬父母推荐为孝廉的人却与自己的父亲分开居住；表面上看出身贫寒、道德高尚的官僚，在现实生活中却是无恶不作、肮脏不堪，行为秽如污泥；号称能攻善战、出身豪门大族、不可一世的“良将”，遇到征战关头，却又胆小害怕，怯敌畏缩连鸡都不如。中央政权的极度腐败、卖官鬻爵之风盛行，激化了东汉原有的社会矛盾，终于在中平元年（184）引发

琅邪王氏宗譜卷之二

琅邪後裔湘湖國棟謹識

臨沂總世系表太原分支 琅邪正派

王氏之先蓋出於有周逮及靈王厥德衰微而天命未改有太子晉者謫居并州登仙於緱氏之山其子宗敬為司徒時人號曰王家因以為氏既而姬周運窮覇國遙起八世孫諱錯者始入魏相惠王錯生賁賁生渝渝生息息生愜愜生亢亢生頤皆仕於魏頤子翦為秦將家富平自錯至翦咸以宏謀遠畧武功扶翊而成覇業者焉其後翦之孫

琅玡王氏宗谱 1（国家图书馆）

了以张角为首的黄巾起义，在东汉政府镇压农民起义的过程中，北方的曹操、东吴孙坚、蜀中刘备等各据一方。黄初元年（220）曹操去世，其子曹丕即位，废汉自立，建立魏国。之后刘备、孙权也先后称帝，三国鼎立的政治格局最终形成。雄踞北方的魏国在曹丕、曹叡两代君主的努力下，逐渐发展成为三国之中最为强大的一国。景初三年（239）魏明帝曹叡去世，司马懿与曹爽受遗诏共同辅政，即位的曹芳尚在冲龄。在曹爽与司马懿的政治斗争中，司马懿最终在正始十年（249）发动高平陵事变，杀曹爽兄弟，进而掌控曹魏政权大局。司马懿去世后，其子司马师及司马昭在平定拥曹势力的叛乱中，逐渐巩固司马氏的势力。景元四年（263）司马昭灭蜀。咸熙二年（265）司马昭去世，同年其子司马炎篡魏建晋，史称西晋，司马炎即为晋武帝。太康元年（280）西晋灭吴，统一全国。西晋统一后，晋武帝采取了一系列的措施恢复被战争所破坏的社会生产，与民休息，使经济有了很大的恢复和发展。但西晋统治者在天下统一的局势下并没有及时建立起良好的上层政治秩序，而是沉溺享乐、奢侈腐化。在最繁盛的“太康盛世”时期，全国人口仅有一千多万人，而晋武帝司马炎后宫妃嫔则多达万人！上行下效，公卿贵族盛行夸富之风，时人以为“奢侈之费，甚于天灾”。

武帝对晋代国祚影响最大的莫过于储君的选择，聪明一世的司马炎千挑万选了“傻儿子”司马衷作为太子。在司马炎去世之后，西晋很快就陷入了汝南王司马亮、楚王司马玮、赵王司马伦、齐王司马冏、长沙王司马乂、成都王司马颖、河间王司马颙、东海王司马越的混战之中。从元康元年（291）至光熙元年（306）15 年间上述诸王为争权夺利互相残杀，国家力量也在八王之乱中消耗殆尽；周边的少数民族纷纷伺机而起，最终导致在建兴四年（316），匈奴大将刘曜率军包围长安，迫使晋愍帝司马邺出降，西晋就此结束了短暂的统治。从西晋灭亡直至北魏统一北方（439）之前，北方一直处在五胡十六国的混乱之中。建武元年(317)，司马睿在建康称帝，史称东晋。永初元年（420）刘裕建宋后，北魏也在太延五年（439）统一北方，形成南北政权相互对峙的局面。南朝包括宋、齐、梁、陈四朝，刘宋(420—479）是南朝统治年代最长的一个政权，历八帝，共 60 年；南齐（479—502）国祚短暂，却争杀频繁，历七帝，共 24 年；萧梁（502—557）历四帝，共 56 年；陈朝（557—589）历五帝，共 34 年。南朝政治上最明显的特点即是君权的回归，宋、齐、梁、陈四朝皆属于武将夺权，出身卑微，无论社会地位还是文化修养都与王谢诸门相差甚远。北朝是由少数民族建立的政权，包括北魏、东魏、西魏、北齐和北周五朝，各种政治制度及礼仪远远落后于南朝，北方文化的发展

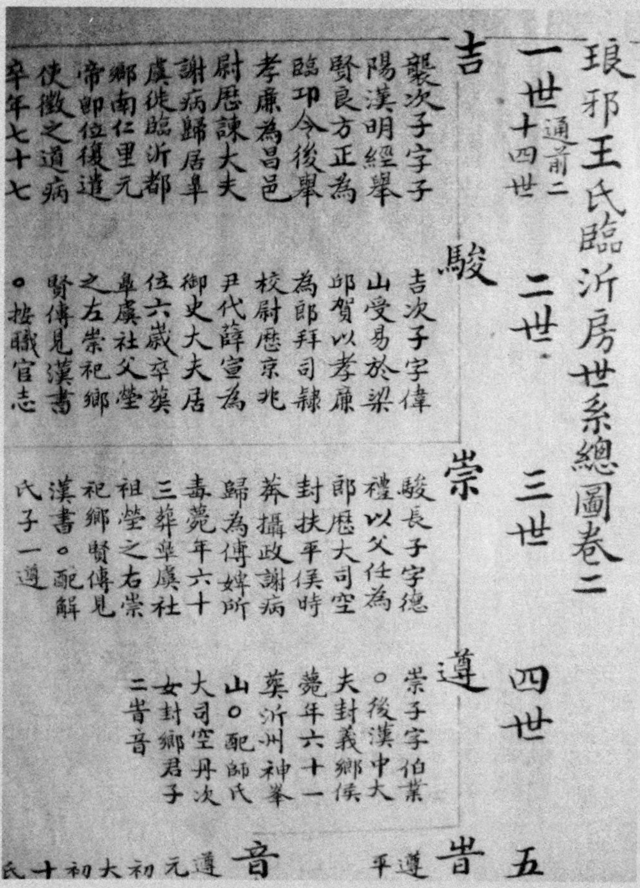

琅邪王氏臨沂房世系總圖卷二

一世 通前二十四世

吉

襲次子字子陽漢明經舉賢良方正為臨邛令後舉孝廉為昌邑尉歷諫大夫謝病歸居皋虞徙臨沂都鄉南仁里元帝即位復遣使徵之道病卒年七十七

二世

駿

吉次子字偉山受易於梁邱賀以孝廉為郎拜司隸校尉歷京兆尹代薛宣為御史大夫居位六歲卒葬皋虞社父塋之左崇祀鄉賢傳見漢書○按職官志

三世

崇

駿長子字德禮以父任為郎歷大司空封扶平侯時莽攝政謝病歸為傅婢所毒薨年六十三葬皋虞社祖塋之右崇祀鄉賢傳見漢書○配解氏子一遵

四世

遵

崇子字伯業○後漢中大夫封義鄉侯薨年六十一葬沂州神峯山○配師氏大司空丹次女封鄉君子二旹音

五

旹 遵平

音 遵元初大初十氏

琅玡王氏宗谱2（国家图书馆）

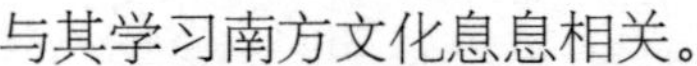
与其学习南方文化息息相关。

魏晋南北朝数百年间，琅玡王氏家族中有600余人垂名青史，其中正传62人、三公令仆50余人、侍中80人、吏部尚书25人，有90人担任过相当于后世宰相的官职。王羲之伯父王导与东晋开国君主司马睿不仅有着金兰之契，还是司马睿建立东晋帝国的最重要的柱石！在晋元帝司马睿登基之时，曾力邀王导与自己共享皇帝的宝座，这在中国封建历史上绝对是前无古人后无来者的事情；除了政治上的辉煌之外，其家族在文化艺术上也是累世风流，人人有集，在书法、音乐、绘画及文学上都取得了卓越的成就，被誉为一时之冠冕。这样辉煌的家族成就，不仅使得本族子弟引以为傲，还深受当时学者文人们的推崇。南朝著名史学家、文学家沈约，自幼饱读诗书，博通群籍，为“竟陵八友”之首，著有《晋书》、《宋书》、《齐志》等，被推崇为当时的文坛盟主；加之他历仕宋、齐、梁三朝，又拥有一般人所没有的政治影响力。这样一个横跨三朝又有极高文学素养的文人，综览天地开辟以来的文学发展后，以为以自己的见识之广，阅读之博，在中国历史上从未有一个家族能像琅玡王氏家族那样既爵位蝉联，又文才相继；中国现代著名历史学家、国学家钱穆也将琅玡王氏家族置于魏晋南北朝文学家族之冠的地位。据笔者不完全统计，魏晋南北朝数百年间琅玡王氏家族有文章流传于世的共 73 人，擅书者 43 人，如此众多的文学家、书法家同出一门，在中古家族史上是非常罕见的。

中国传统社会与文化深受家族制度的影响，家族文化是中国传统文化最为重要的柱石与基础。先人强烈的家族观念，与悠久的农业文明有着密不可分的关系。封建社会主要通过个人拥有土地的多寡来体现人们的地位，因此对土地等财富所拥有的世代继承的权力，自然成为家族形成并得以维系的经济基础。中古士族不仅享有特殊的政治、经济特权，甚至在某一时期，还能够与皇权共享国家权力。政治上的显赫，虽然会为家族发展带来特权与威望，但在频繁的政权更迭之中，往往又可能使家族遭受覆灭之祸，所以，文化基础不深厚，豪横一时的家族，一旦政治上失势，其门第也会急遽中衰；相反的，文化根基深厚的家族，尽管暂时遭到挫折，终会保持兴盛。王羲之家族之所以能在魏晋南北朝风云际会的历史进程中保持家族门第的绵延不衰，与其深刻的文化根基、严格的家教门风有着重要的联系。东汉末年，王祥、王览借助德行取得高名，政治地位逐渐上升；曹魏时期九品中正制确立后至西晋，其家族士子入仕者渐多，王戎、王衍又以其较高的玄学修养引领时代风尚，备受时人追捧；晋永嘉之乱后，司马睿在王导、王敦的悉心辅佐之下，偏安建邺一隅，此时是琅玡王氏家族政治最为鼎盛的时期，有

“王马共天下”之称。从王导去世至东晋中后期，琅玡王氏家族文化优势开始凸显，其中尤以王羲之书法影响最为深远。到了南北朝时期，面对寒门执政的新环境，琅玡王氏家族政治优势逐渐减退，但仍凭借高超的文化修养居于社会的上流，并对南北朝制度、礼仪的建设都起到了积极的作用。特别是家族士人王肃、王褒等人的入北，不仅给北方带来了南朝的朝典礼仪制度，成为隋唐制度的重要渊源之一，并且以较高的文化修养促进了南北文风的融合，奠定了初唐文学的基调。

生活在山东省临沂市的王羲之家族不仅对中古历史、政治影响深远，并且在当时的文化与文学事业上取得了极高成就，产生了深远的影响。王羲之四世孙王僧虔曾经编撰过一部专门记录古往今来书法家的书籍，其中王羲之所在的琅玡王氏家族占了其中的一大半。这充分说明了在先秦魏晋书法历史上以一族之力占据半壁江山的琅玡王氏家族，成为第一望族绝非徒有虚名；而是凭借其家族世代相传的孝悌妇德、家教门风，家中子孙恪守本家族优秀家风，才能保持人才济济、家世兴旺，继续维护家族门第。从汉末王祥至刘宋王僧虔以及以南入北的王褒，都有告诫子孙处世立身的家训。王祥临终时《训子孙遗令》就要求族中子弟以信、德、孝、悌、让五者为立身之本。宋王僧虔有《诫子书》告诫子孙不要凭借祖荫入仕，而应读百卷书，勤学努力，建立功业。梁陈之际王褒著有《幼训》，要求家族子弟谨守儒家礼教，兄弟之间手足相连，家风淳厚和睦。因此，王羲之家族之所以能在混乱的社会环境中通达显赫、人才辈出，正在于其家族子孙对孝悌、德行、勤俭、好学等家风自觉地承袭与恪守。

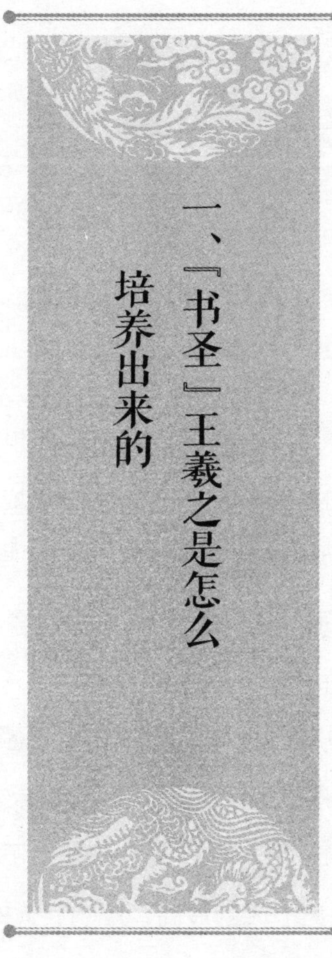

一、『书圣』王羲之是怎么培养出来的

提起中国书法，人们就会自然而然地想到了王羲之与王献之父子，他们二人因为在书法上的卓越成就被后人尊称为“二王”，其中王羲之又被誉为“书圣”。王羲之，字逸少，号澹斋，小字阿菟，祖籍琅玡临沂（今山东省临沂市南）。生于西晋惠帝太安二年（303），卒于东晋穆帝升平五年（361），享年 59 岁，世称“王右军”。王羲之是琅玡王氏家族第五代 (本世系王祥父王融始，下文依次类推) 中的文艺气息最为出众的子弟，曾祖父为王祥弟王览，其父亲王旷。作为中国书法史上成就最高、影响最大的书法家之一，王羲之的书法作品融通古今，达到形意结合的最高境界，代表作《兰亭序》被誉为“天下第一行书”。梁朝著名文学家庾肩吾在《书品》中将张芝、钟繇、王羲之三人书法列为上品之上，作为古今书法极致之楷模；唐太宗李世民也极

王羲之故居（临沂）

为推崇王羲之书法，认为他的书法能精研篆素、粗察古今，达到了“尽善尽美”的艺术效果。那么，王羲之家族是怎样培养出来这么一位优秀的书法家的呢?

(一) 父亲王旷：王羲之书艺的启蒙人

王羲之的父亲王旷（生卒年不详）为王览孙，王正子，东晋名相王导的堂弟，曾经担任西晋丹杨太守、淮南内史、淮南太守等官职，善写隶书和行书。历史上对王旷的记载并不多，但寥寥数语之间已经足以显示他的远见卓识。根据史书记载，早在西晋的“八王之乱”开始不久，王旷就已经带着妻儿南下避乱，后来又第一个上书西晋朝廷，建议晋室南迁，他提出的南渡方案成为司马氏政权得以在南方延续的重要原因。

西晋惠帝太安二年（303），王旷的夫人在江南洛社（今江苏省无锡市）的家中生下了第二个儿子——王羲之。王羲之从小就受到琅玡王氏家族深厚的书学熏陶，7 岁时便已经开始练习书法。在他 12 岁的时候，偶然从父亲枕中发现了前代的书法名著《笔论》，便偷偷将这本书拿走，自己参读研究其中所记述的书艺理论。不久，王旷发现了王羲之的行为，便质问儿子为什么窃取自己珍藏的书法秘籍。母亲见王羲之笑而不语，便代儿子回答说："那是因为儿子太想学习你写字用笔的方法了。"但王旷认为十余岁的羲之太过年幼，没有足够的能力学习这么深奥的书艺理论，便对儿子说："等你长大了，我再教你吧。"羲之立即叩拜父亲，恳切地说："如果等到儿子长大了再教我，那就有可能隐蔽儿子的才能啊。"王旷听后不禁大喜，便教他写字的笔法笔势，不到一个月，王羲之的书法便取得了显著的进步。父亲王旷的启蒙无疑为王羲之日后成为书法大家奠定了坚实的基础。

（二）叔父王廙：王羲之书艺的引路人

王羲之叔父王廙（276—322）是王导、王敦的从弟、晋元帝司马睿的姨表弟、"书圣"王羲之的叔父，曾经担任西晋太傅掾，东晋立国后，又担任尚书郎、散骑常侍、左卫将军、平南将军、荆州刺史等职，封武陵县侯。王廙是两晋著名的书法家、画家与音乐家，在王羲之书法成名之前，王廙是当时成就最高的书画家，被称为"江左第一"，不仅本家族子弟如王羲之等向他学习书法，连晋明帝司马绍也曾经拜他为师。

王羲之跟随父亲王旷学了三四年书法后，大约在 16 岁时便转而向叔父王廙求教书画艺术。对于这位少年聪颖的年轻后进，王廙对王羲之寄予了厚望，甚至将他作为振兴家族的接班人。在《孔子十弟子》的画赞中，王廙毫不掩饰自己对侄子王羲之的赞扬与期许：

余兄子羲之，幼而岐嶷（岐嶷：幼年聪慧），必将隆余堂构。今始年十六，学艺之外，书画过目便能，就余请书画法，余画《孔子十弟子图》以励之，嗟尔羲之，可不勖哉。画乃吾自画，书乃吾自书，吾余事不足法，而书画固可法。欲汝学书，则知积学可以致远；学画，可以知师弟子行己之道。

这段话大致意思是兄长王旷的儿子王羲之，幼年就聪慧好学，以后一定可以兴旺家族。现在他虽然只有 16 岁，除了学习礼、乐、射、御、书、数六艺之外，书法和绘画他只是看一眼就能临摹出来。现在他跟随我学习书画艺术，我画了这幅《孔子十弟子图》来鼓励他，希望他以后在学习中要不断地勉励自己。绘画要画出自己心中所想，书法要写出心中所念，我其他地方没有羲之值得学习的，书画却有你可以学

兰亭（绍兴）

晒书台

习的地方，希望你在学习书法之后，明白读书可以实现自己的远大理想；学习绘画之后，则可以知道师承并发现自己的独特之处。虽然王廙教授王羲之书法的具体方法，现在已经不可知道了；但从上面的赞语中，作为老师的王廙始终向学生王羲之强调在书画艺术学习中，不仅要学习师法、尊师重道，更要注重保持自己的个性特点。

当然，王羲之在书法上取得如此大的成就，除了良好的家庭氛围熏染之外，还在于自己的刻苦努力与转易多师。王羲之幼年时练字十分刻苦，经常在水池边练字，以至于把水池都给染黑了。入仕后，王羲之将为皇帝祭祀的祝辞撰写在木板上，当雕刻的工匠更换木板时，发现王羲之写字的笔力竟然渗入木头三分有余，唐人张怀瓘赞道："王羲之书祝版，工人削之，笔入木三分。"这也是成语"入木三分"的来源；因为对书法的热爱，王羲之还自觉地向古往今来的书法大家学习。在《题卫夫人〈笔阵图〉后》题词中，王羲之这样描述自己的学习经历："少学卫夫人书，将谓大能。及渡江北游名山，比见李斯、曹喜等书，又之许下，见锺繇、梁鹄书，又之洛下，见蔡邕《石经三体书》，又于从兄洽处见张昶《华岳碑》，始知学卫夫人书，徒费年月耳。羲之遂改本师，仍于众碑学习焉，遂成书尔。"王羲之少年时学习卫夫人书法时，以为其为当世最妙的书法。成年以后渡江北游，遍历名山后，见李斯、曹喜之书，又到许昌，见钟繇、梁鹄之书，再到洛阳，见蔡邕《石经三体书》，后在从兄王洽处见张昶《华岳碑》，才知道只学习卫夫人书法，只不过是浪费时间而已。于是王羲之便改换了习书之师，依据前贤碑文学习，才形成具有自己特点的书法风格。从秦朝李斯到东晋卫夫人，他们擅长的书体有篆书、楷书、草书、隶书等，但都是其生活时代最知名的书法家。王羲之学习不同时期各个名家的书艺创作，转易多师，既表现了羲之好学的谦逊精神，也为其成为一代书法家奠定了坚实的基础。

（三）儿子献之：王羲之书法的接班人

王献之（344—386）是王羲之最小的儿子，官至中书令。王献之家世显赫，妻子为东晋简文帝司马昱之女新安公主，女儿王神爱为晋安帝司马德宗的皇后。在东晋玄学大畅的氛围中，他养成了高超不凡、放达不羁的个性。

王献之五六岁便在父亲的影响下开始学习书法。七八岁执笔写字时，有一次，王羲之试图悄悄地从他的身后夺取毛笔，却因献之握笔紧而未得，因此得到父亲的赞赏。在父亲的教导下，王献之苦练书技，十多岁便取得了极高的名声。在周围人们的赞誉中，王献之也认为自己的字已经写得不错，有点飘飘然，但唯有父亲王羲之始终没有肯定他的书艺成就。终于有一天，王献之问父亲：“我现在的字再练三年应该就能达到最好了吧？”王羲之听后笑而不答，母亲看了儿子字后摇了摇头说：“早着呢！”献之又问：“那五年呢？”母亲仍然摇头，着急的献之追问父亲道：“究竟要用多长时间，怎么样才能像父亲那样练得一笔好字呢？”王羲之看着儿子急切的眼神，走到窗前指着院内的十八口大缸说：“写完十八口大缸的水，你的字可能才有骨架。”王献之听后，心中很不服气。从此以后，他每天都按照父亲的要求，一笔一画地练字，苦练五年之后，再一次捧着自己的字来到了父亲面前。王羲之翻阅了儿子的书法之后，并没有急于评价，而是提笔在其中的“大”字下面加了一点，变成一个“太”字，然后就把这些书稿还给了献之。献之见父亲对自己苦练五年的字既没有赞美也没有评价，便带着这些字来见母亲，母亲仔细审阅之后才说道：“儿子用心写字千余日，只有一点像父亲王羲之。”献之走近一看，发现母亲所指的正是父亲所加的那一点，不禁非常惭愧，从此便每天更加认真地研习书法，刻苦临习，最终成为与父亲齐名的书法大家。

（四）“二王”书法的优劣之争

王羲之、王献之书法在东晋就产生了很大影响，父亲王羲之擅长隶书，笔势矫健，遒劲自然，以骨力胜出；儿子王献之则隶、行、草、章草、飞白五体皆能传神，笔力润秀，骨势不如其父，以媚力胜出。二人名为父子，在书法学习上又为师徒，最终却形成了两种不同的风格。正是由于羲之、献之书艺风格的差异，后世学书者更是在学习二王书法的基础上，对父子二人的书法艺术的高低进行自己的品评。

客观地说，后世学书者对“二王”书艺高下的评价主要受时代风尚和统治阶级喜好的影响。以南朝和隋唐为例：南朝宋齐时期，社会文化以追求艳丽绮靡为风尚，因此当时的许多书法家如羊欣、丘道护、孔琳之等都推崇笔风柔媚的王献之书法，以骨力著称的王羲之书法则大受冷落；梁武帝萧衍执政后，以帝王之尊大力提倡古拙的书风，又大大提升了王羲之书法的影响力。到了唐朝初年，唐太宗李世民对唐前著名的书论家的书法创作一一进行了批评，却独独赞美了王羲之书法，认为其书艺具古今之妙，尽善尽美，为“古今第一”，从此确立了王羲之“书圣”的地位及其在中国书法史上的正统传统。在王羲之书法得到大肆渲染的同时，王献之书法的备受抨击，其影响力远远逊于南朝初年，重羲之轻献之的风尚直到中唐政治革新以后才有所改观。其实，羲之与献之书法风格的差异并非判断二人书艺高低上下的标准，正如黄庭坚在《山谷题跋》中所言：“大令草法殊迫伯英，淳古少可恨，弥觉成就尔。所以中间论书者，以右军草入能品，而大令草入神品也。余尝以右军父子草书比之文章，右军如左氏，大令似庄周也。”无论古人如何评价“二王”书法，都无法泯灭王羲之与王献之父子在中国书法发展历史上的重大贡献。今天我们在提到书法时，就会自然而然地想起羲之、献之父子，“二王”书法也成为中国书法艺术巅峰的最高标帜。

（五）敢与皇帝争第一

中国封建社会具有森严的等级制度，皇帝个人的好尚是臣子们一切行为和语言的旨归。为了表示皇权的尊严与至上，任何人在皇帝面前都要毕恭毕敬、谦虚谨慎，因为一句不小心的话就有可能给自己或家族带来灭顶之灾。在南朝宋齐年间，王羲之的四世族孙王僧虔，却敢在皇帝面前自称自己的书艺成就比皇帝还高，是天下第一，到底是什么原因让他在君主面前如此张扬地显示自己呢?

王僧虔（426—485）是王羲之的四世族孙，曾祖王洽与祖父王珣都擅长书法，父亲王昙首，为南朝宋右光禄大夫。王僧虔善写隶书、楷书，以书艺高超名动当时。宋文帝刘义隆、宋孝武帝刘骏、齐高帝萧道成都曾与他讨论过书法艺术。宋文帝刘义隆在位时，王僧虔不过20岁左右，但他在看过王僧虔书写的素扇之后，感叹道:“王僧虔书法不仅笔力超越王献之，而且器雅也要超过他。”认为王僧虔的书艺与器雅都超过了先祖王献之。宋文帝死后，即位的宋孝武帝刘骏擅长书法创作，于是便想与书艺高超的王僧虔比试一番，借机打击僧虔的书法盛名。他召集身边的文人墨客比试书艺，王僧虔也在被邀之列。王僧虔却故意在书写时露出一些纰漏，打乱了书法原有的章法，甘拜下风，以让皇帝的书法胜过自己。经过这次比试，孝武帝刘骏认为王僧虔的书艺也不过如此，便不再在其他方面想方设法地挤对他了。

到了齐高帝萧道成在位时，王僧虔为左光禄大夫。萧道成做世子时就擅写书法，做皇帝以后更是笃好不已。有一次，齐高帝萧道成向年过半百的老臣王僧虔询问当今谁的书法成就最高，没想到一向谨慎的王僧虔竟然一语惊人，以“臣书第一，陛下书亦第一”回应皇帝的询问。在大家都为他捏了一把汗时，皇帝萧道成并没有以忤逆罪处分他，反倒问他这两个第一当如何解释，王僧虔回答道：“我的书法在天下的臣子中第一，陛下书法在古今的帝王中第一。”机智的回答让齐高帝非常高兴，王僧虔也因此得到高帝的欣赏与信任。对于王僧虔与齐高帝之间品评书法的趣事还有一种说法：齐高帝萧道成问王僧虔：“你看我的书法比不比得上你的书法呢？”王僧虔说：“我是楷书第一，草书第二；陛下您是草书第二，而楷书第三。所以，我没有第三，陛下也没有第一。”高帝听后大笑，并以“爱卿真的很会说话”夸奖王僧虔。在与皇帝斡旋、明哲保身之余，王僧虔还将古往今来擅长书法者编订成集，其中收录了之前其他书录中没有的书法家如吴大皇帝、景帝、归命侯，桓玄，及王导、王洽、王珉、张芝、索靖、卫伯儒、张翼等人的书法作品。他还将自己毕生对书法艺术的体会编写成集，有《论书》、《笔意赞》等书艺理论著作，为书法艺术的繁荣作出了重要贡献。

（六）“书圣”的出现绝非偶然

从前文中不难看出，“书圣”王羲之受学于父亲王旷、叔父王廙，王献之又师承父亲王羲之。纵观王羲之家族的文化成就，书法是诸多文化艺术中成就最为显著的一门，也是世代相传的家族艺术之一。从西晋王戎开始，下至梁陈王筠、王褒等，几乎每一代都有垂范后世的书法家出现。1920年伟大的科学家爱因斯坦在与波尔的一场论争中说“上帝不玩骰子”，以表示无一事物的发展是偶然或碰巧的，看似理所当然的事情都有其必然出现的原因。古往今来许多事实都在向我们证明一个道理：天才的出现绝非偶然！在短短的半个世纪中，王羲之家族凭什么培养了两位书法天才呢？除了父子二人自身所具有的艺术天赋之外，与王羲之家族世代习书的家风有着密切的关系。

书法作为王羲之家族家学中重要的一部分在家族中得以传承发展，究其原因，一方面是因为东晋上流社会对精神世界的狂热追求，这一时期的文士，普遍爱好书法、绘画、音乐；另一方面则是他们为了保持本家族书法的领先地位，保持其家族文化在当时整个士族社会中的优势。根据历代史书及书学史中的记载，两晋南北朝三百多年间，王羲之家族以书法知名于世的有：王戎善隶书、行书；王衍善行书、草书；安僖王皇后善书；王导善草书、隶书；王恬善草书、隶书；王洽善诸法兼擅，于草尤工；王劭善草书；王荟善行书；王珣善草圣；王珉善行书；王廞善行书；王敦善工书；王邃善行书；王廙善工草隶飞白；王旷善行书、隶书；王羲之善诸

晋王珣伯遠帖
珣頓首頓首伯遠勝業情期羣從之寶自以羸患志在優游始獲此出意不克申分別如昨永為疇古遠隔嶺嶠不相瞻臨
晋人真跡惟二王尚有存者然米南宮時大令已罕謂一紙可當右軍五帖況王珣書視大令不尤難覯耶既幸予得見王珣又幸珣書不盡湮沒得見吾也長安所逢墨跡此為尤物
戊戌冬至日董其昌題

晋王珣伯远帖

体兼善；王玄之善草书；王凝之善草书、隶书；王徽之善楷书、草书；王操之善楷书、行书；王涣之善行书、草书；王献之善草书、隶书；王弘善书；王昙首善草书；王微善行书、草书；王裕之善草书；王藻善行书、草书；王思玄善行书；王僧虔善隶书；王慈善隶书；王志善楷书；王俭善楷书；王僧祐善草书、隶书；王融善书；王晏善书；王僧虔善隶书；王慈善隶书；王志善楷书；王俭善楷书；王僧祐善草书、隶书；王融善书；王晏善书；王彬善篆书、隶书；王筠善行书；王籍善草书；王克善草书，释智永善草书，隶书；释智果善工书铭石；王褒善草书、隶书，他的书法与顾野王画被誉为“二绝”。值得一提的是，在南梁江陵陷落王褒被俘入北后，连北方的贵族以及书法家都竞相学习王褒书法，足见其书法之绝妙。

王羲之家族不仅善书者人数众多，而且其所擅长包括隶书、行书、草书、楷书、篆书等各体书艺，甚至连家族中的女性也不甘落后。如王献之女安僖王皇后神爱，《书断》载其“亦善书”，足见其家族人氏对于书法艺术的热爱。上至西晋时期的王戎、王衍，下至梁陈王筠、王褒等，高妙的书法艺术不仅是琅玡王氏族人矜傲于其他士族的文化标志，并为他们维持中古豪族的社会地位作出了重要贡献。

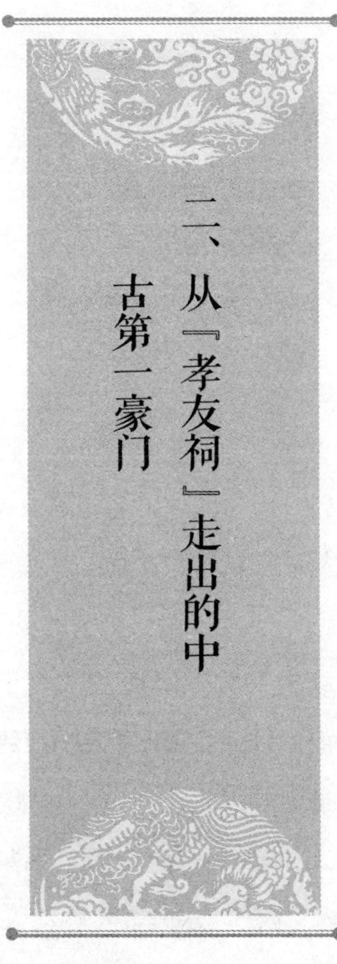

二、从『孝友祠』走出的中古第一豪门

在山东省临沂市兰山区白沙埠镇的孝友村里，有一座始建于梁天监四年（505）的祠堂，名叫孝友祠。顾名思义，孝友祠就是为了宣扬孝敬父母和友爱兄弟思想的。孝友祠中供奉着“孝圣王祥”、“友圣王览”和“书圣王羲之”三人，他们分别是王羲之家族中以孝、悌、才知名于世的三个代表人士。古代帝王皆崇尚以礼治国，孝友祠在建成之后一直是儒家礼法的一个象征，并因此成为后世历代统治者敕封认可的标志性祠堂。孝友祠前面还有一小河，名叫孝河，因为王羲之先祖王祥曾在这里卧冰求鲤，孝感动天，所以又被称为“王祥河”。孝河北岸，处于管子湖、涝子湖之间的王家双湖，便是“孝圣”王祥与“友圣”王览曾经居住过的地方。明代万历年间为纪念这两位孝友恭恪的好兄弟，便将这个小村庄改名为“孝友村”。20 世纪 90 年代初，为了弘扬传统

孝友祠（临沂）

文化，临沂市政府又对王祥故里“孝友村”重新进行了积极开发与建设，除了在原址的基础上恢复孝友祠之外，还对琅玡王氏宗祠进行了规划，在孝河边开辟了孝园，修建了孝河广场。

（一）卧冰求鲤的王祥

想必大家都听说过“二十四孝”的故事。这部由元人郭居敬编录的故事集，由孝感动天、戏彩娱亲、鹿乳奉亲、百里负米、啮指痛心、芦衣顺母、亲尝汤药、拾葚异器、埋儿奉母、卖身葬父、刻木事亲、涌泉跃鲤、怀橘遗亲、扇枕温衾、行佣供母、闻雷泣墓、哭竹生笋、卧冰求鲤、扼虎救父、恣蚊饱血、尝粪忧心、乳姑不怠、涤亲溺器、弃官寻母二十四位孝子行孝的故事组成。从明清开始，成为宣扬孝道的通俗读物，至今在民间广为流传，几乎达到了无人不知、无人不晓的地步。其中“卧冰求鲤”的故事讲述的是王羲之曾叔祖王祥行孝的故事。

王祥（185—269），字休征，是王羲之的曾叔祖父。王祥历仕东汉、曹魏、西晋三代，东汉末年为避乱世，曾在山东隐居 20 年，直至曹魏黄初元年（220）才在泰山太守吕虔的

孝子王祥像

多次邀请下出仕，之后历任温县令、司隶校尉、司空、太常、太尉等职，封爵睢陵侯，西晋时被拜为太保，进封睢陵公。

“卧冰求鲤”的故事最初记载在东晋干宝编撰的故事集《搜神记》中，原文是“父母有疾，（王祥）衣不解带。母常欲生鱼，时天寒冰冻，祥解衣，将剖冰求之。冰忽自解，双鲤跃出，持之而归”。大致的意思是王祥在父母生病时，顾不上休息，药亲尝汤、衣不解带地日夜伺候；腊九寒天，河水都结上了厚厚的冰，但是刁钻的朱氏借口想吃鱼，让王祥去捕捞新鲜的鲤鱼。无奈的王祥只能躺在冰冻的河水之上，用自己的体温融化坚冰来捕鱼。王祥的孝行最终感动了上苍，奇妙的事情发生了：结冰的河水自动裂开，许许多多的鲤鱼从裂缝中一跃而出，跳到王祥的身边，让他拿着回家满足继母的要求。《搜神记》中这段关于王祥的奇妙故事被唐人房玄龄收录进正史《晋书》中，作为历史佳话流传下来。

除了卧冰求鲤之外，关于王祥事亲至孝的故事流传下来的还有黄雀入幕、抱柰而泣。王祥的亲生母亲早逝，父亲王融再娶朱氏为妻。继母朱氏将王祥视为眼中钉肉中刺，不仅在生活中屡屡刁难他，还多次在王融面前诌毁王祥，使得王融也开始渐渐地不喜欢儿子起来。善良老实的王祥经常被继母指使做打扫牛棚之类的粗重家务，对此他不仅没有一点抱怨，反而对父亲与继母更加恭敬。

王祥卧冰求鲤处

“黄雀入幕”讲的是继母朱氏借口想吃烤黄雀，让王祥前去捕捉，但数十只黄雀却主动飞到他的帐幕之中，替王祥分忧解难；“抱柰而泣”则是每当狂风大雨之际，朱氏便让王祥在暴风雨中保护结满果实的树木免受风吹雨打，无助的王祥只能抱着院中的李树哭泣，祈祷李树的果实不要落下。

朱氏对王祥谗毁，使其失爱于父；又役使其打扫牛棚，甚至还想以鸩酒毒之，面对继母朱氏的种种虐待，王祥不仅没有心怀怨恨，还始终以一颗真诚的心对待继母与父亲，最终孝感动天。上面故事中记述的卧病求鲤、黄雀入幕、抱柰而泣等故事都反复说明了王祥笃孝至纯的行为，特别是在继母朱氏病卒后，王祥又因为居丧至孝，损毁了自己的身体，只能拄着拐杖才能站起来。正因为王祥此种至诚至孝的行为，他也被后人尊为“二十四孝”之一，成为古往今来孝敬父母的典范。而王祥本人，也将孝行列为本族子弟必须遵守的家令之一，他在临终时留下的《训子孙遗令》一文中，专门告诫子弟要做到“言行可覆，信之至也；推美引过，德之至也；扬名显亲，孝之至也；兄弟怡怡，宗族欣欣，悌之至也；临财莫过乎让：此五者，立身之本”，把信、德、孝、悌、让五者作为家族子孙的立身之本，其中“孝”则是扬名显亲，悌保宗族和睦的必要准则！这些正是以后300余年中琅琊王氏家族得以兴旺发展的基础。值得一提的是，现代临沂孝友村的村民们都特别的孝顺，很多到这里旅游参观的游客也会特地带孩子来孝友祠感受此地绵延流长的孝友之风。

（二）手足情深的王览

王祥虽然有一个冷酷狠毒的继母，却有一个通情达理、孝友恭恪的弟弟——王览。王览（206—278），曹魏时曾任司徒西曹掾、清河太守，封爵即丘子，食邑六百户；西晋时任弘训少府、太中大夫、光禄大夫等职。

王览比王祥年少21岁，自小就目睹了母亲对待哥哥王祥种种不慈爱的行为，一面是血脉相连的母亲，一面是亲密无间的兄长，他虽然同情兄长却无可奈何。王览尚在幼年时，每次看到王祥被鞭挞，便抱着哥哥痛哭。长大以后，王览屡次劝谏母亲爱护哥哥王祥，朱氏才稍作收敛。当朱氏指使王祥做最脏、最累的事情时，王览都主动与哥哥一起分担。朱氏不仅不疼爱王祥，还经常虐使王祥妻子，王览的妻子也与嫂嫂共同承担。久而久之，朱氏担心儿子王览受到伤害，便不再折磨王祥了。在王祥父亲王融过世后，王祥的名声日渐高涨，嫉妒的朱氏为了防止王祥出名之后排挤自己，

王览像

又把他视为自己的心腹之患，她准备偷偷地用鸩酒毒杀王祥。鸩杀王祥的事情被王览得知后，一方面作为朱氏的儿子王览不便直接说明母亲的恶行；另一方面又不愿看到兄长喝掉毒酒，便在吃饭时径直抢过哥哥王祥的毒酒，准备自己喝掉。王祥见弟弟行为有异，也怀疑酒中有毒，坚持不把毒酒让给弟弟喝。看到兄弟二人抢饮鸩酒，无奈的朱氏只能自己夺过毒酒泼在地上。自此以后，凡是朱氏给王祥的食物，王览都要先亲自品尝过以后才给哥哥，朱氏担心毒死自己的亲生儿子，只能打消了毒杀王祥的念头。

孝悌是中国传统思想的核心思想之一，对父母以孝，对兄弟以悌，只有具备这种由血缘关系而来的亲子骨肉之情，才能进而将仁爱之情从家庭内部推及整个家族，最后扩及整个社会。在具备最根本的孝悌美德之后，个人才有资格走出家庭，走入社会。以孝悌知名于世的王祥与王览不仅因此入朝为官、深受魏晋两朝君主的重用，还直接引领了琅琊王氏家族在汉魏之际的崛起。

（三）以命守丧的王戎

青龙二年（234），王祥53岁时，王氏家族另一位以孝道闻名于世的子弟王戎出生。王戎（234—305），字濬冲，王祥同宗兄弟王雄的孙子。历仕西晋吏部黄门侍郎、散骑常侍、河东太守、荆州刺史、豫州刺史、建威将军、太子太傅、中书令、光禄大夫、尚书左仆射等职，封安丰县侯。王戎不仅官位高，还是当时的名士，与阮籍、嵇康、刘伶、阮咸、向秀、山涛常常在洛阳旁边的一片竹林之中，裸身纵酒谈玄，世称“竹林七贤”。漠视礼法虚伪的放纵行为从另一方面反映了王戎对内心真情的热烈向往与追求，他也因为母亲至诚至真的守丧被人誉为“死孝”。

王戎“死孝”之称，当源于时人刘毅的品评。刘毅为人有清刚之节，又以孝顺父母著称。在政治中他又能洞悉时事，直言敢谏，是西晋时期著名的谏臣。西晋消灭东吴一统天下以后，晋武帝司马炎志满意得，认为自己创造了盖世功业，应该是古今无二的英明君主。有一次，他向刘毅问道：“你说我可以和古代哪个帝王相比呢？”本来希望他能把自己与古代贤明的尧舜之君相提并论，但没想到刘毅竟然回答道：“陛下可以和汉代的桓、灵二帝相比。”汉桓帝与汉灵帝是中国封建王朝中以卖官闻名的昏聩君主，刘毅竟然当面将一统天下的晋武帝司马炎与这两个人相比，皇帝怎么能接受呢？于是司马炎接着问：“我虽然比不上古人的德行，但自登基以来，尚能克己为政，加上近来又平定东吴，一统寰宇，你把我比作桓、灵二帝，是不是对我太过贬低了呢？"没想到刘毅又一语惊人，答道："桓、灵二帝卖官所得的钱财都缴纳了国库，而陛下您卖官所得全部都装到了自己的腰包，如果从这方面看，您连桓灵二帝都不如呢。"司马炎听了以后，不怒反笑道："桓灵之世，听不到这样的话，今天有直臣，所以和桓灵那个时代还是不一样啊。"以不畏权贵、善于品评人物著称的刘毅，又是以什么标准衡量和峤和王戎二人的守孝行为呢？

王戎任吏部侍郎时，因母亲去世离职回家守丧，居丧时王戎的生活起居、一举一动应该按照儒家伦理道德的规定："丧则致其哀，祭则致其严。"要求孝子居丧时要在行为和语言中表示对亲人过世的哀伤，祭奠死者要庄严肃穆，极尽思慕之心以表示其对逝去亲人的哀痛。而且，在居丧时的一举一动都要遵循《孝经》的要求："孝子之丧亲也，哭不偯，礼无容，言不文，服美不安，闻乐不乐，食旨不甘，此哀戚之情也。"即在母亲去世后，王戎要声嘶力竭地哭泣，不能像平常那样文饰仪容，美饰辞藻；如果穿上华美的衣服就应该感到心中不安，听到美妙的音乐也不会感到快乐，吃美味的食物也觉得无味，只有这样才能表现出失去亲人的悲伤忧愁。但王戎不仅没有按照《孝经》的要求居丧不乐，反而故意违反这些条条框框，照样喝酒吃肉，时不时还去看看别人下棋，和平时没什么两样。只不过虽然吃的、喝的、玩的都和平时相同，王戎本人却面容憔悴，身体羸弱，只能拄杖站立。名士裴頠前去吊唁时，公然指责王戎没有遵从丧礼，不节饮食，认为他这种居丧不恸的表现应该受到严厉的批评。

在王戎居丧期间，和峤也正为父亲守丧，他严格按照礼法要求，每天量米而食，睡卧草席，却没有像王戎那样形容憔悴，身体也没有损毁。晋武帝看到和峤节食守丧，便给刘毅说："和峤守丧的规矩比礼法的要求还要严格，我很为他担心。"然而刘毅却答道："和峤居丧时虽然睡草席节制饮食，不过是生孝，是备礼之孝；王戎则是真情之孝，是死孝。"王戎本有呕吐的毛病，居丧时更加严重，晋武帝亲自派遣医生为他诊治，赐药疗疾，断绝宾客来访。南朝宋代文学家刘义庆在《世说新语》"德行"门中也记述了王戎与和峤居丧的行为，通过二人的表面与实际的表现品评他们品德的高低。无独有偶，极为欣赏王戎的阮籍在母亲去世以后也选择了同样的居丧形式，表面上依旧饮酒、吃肉、观弈，但心中非常悲痛，以至于口吐鲜血。王戎与阮籍都是至情、至性、至真、至孝之人，但是所处的时代又使得他们采取了狂放的行为打破汉代以来儒家经典的禁锢，更加重视追求内心的真实。通过任性自然的行为追求内心的真情也成为"魏晋风度"的外在表现之一。

生活在梁陈之际的王筠（481—549）是琅玡王氏家族第十代以孝行流芳史籍者。王筠字元礼，主要仕于梁朝，与当时文坛盟主沈约交往密切。曾任太子舍人、尚书令、中书令、秘书监、太府卿、度支尚书、太子詹事等职，侯景之乱中坠井而亡。王筠母亲于普通元年（520）去世时，王筠为母居丧有孝性，哀毁之情超过了礼法的要求，以至于损毁了身体，在服丧期满以后，所得的疾病仍久久未能痊愈。

（四）恭敬事亲的王悦、王舒

在中国传统社会中，为了维护“尊尊”、“亲亲”的等级制度，儒家礼教对“孝行”进行了很多细致具体的规定，除了守丧居丧节食无乐、父子兄弟之间孝友恭恪之外，还要在日常起居中始终对父母保持恭敬尊重的态度，如“色养之孝”，意指人子在生活中要和颜悦色地侍奉父母。这件事情看似简单，但能坚持做下来并不容易。孔子与弟子曾就“色养之孝”进行过多次讨论，其中子游曾问“孝”于孔子，孔子回答道：“今之孝者，是谓能养。”认为奉养父母是每个人行孝的基本准则；后来子夏又问“孝”于孔子，孔子又说：“色难。”认为在奉养父母中做到和颜悦色最为困难；再如“避讳”，要求子女在说话或写文章时遇到亲人的名字都不能直接说出或写出，或避开、或要用相近或相仿的字来委婉地表述来避讳。琅玡王氏家族中的王悦与王舒、王允之父子，他们在生活中始终遵从自先祖王祥、王览流传下来的孝悌传统。其中王悦以色养之孝知名，王舒与王允之父子则都为避父讳拒不做官。

王悦（生卒年不详），字长豫。王导长子，年少时曾侍读东宫，后担任中书侍郎等职。王悦少年高名，做事稳重。相传王导一见到自己喜爱武艺的二儿子王恬就满面怒容，见到大儿子王悦则面带微笑。王导与王悦都十分喜爱围棋，父子二人经常在一起对弈。有一次，王导落子后，觉得不妥想悔棋。而王悦下棋十分投入忘我，只知下棋却不知礼让。王导看到儿子认真的样子，半开玩笑地说：“你我之间还算有些关系，哪能这样不讲人情呢!”言语间体现了对儿子的爱惜之情。

王悦平日里十分孝敬父母，与父亲说的每一句话，都要经过深思熟虑才出口。父亲王导每次出门，王悦都要一直送他到车子上，然后恭送车子离开；在生活上，他还一直帮助母亲收拾箧中物品，因此深受王导喜爱。可惜的是，这位孝敬的儿子却先于父母病逝，在他亡故后，父亲王导从王悦恭送之处哭至台门，母亲则把他经常整理的箱箧之物全部收藏

起来，不忍心打开。

与王导同辈的王舒也是一位事亲至敬的孝子。王舒（？—333），字处明。王会子，是王导、王敦的堂弟。他年轻时聪慧好学又不慕名利，因为天下多故，一直到四十余岁才参镇东军事，出补溧阳令。宣城公褚裒出镇广陵后，以王舒为车骑司马。褚裒病故，王舒接替其镇守广陵，监青徐二州军事，在政务军事上以“明练”著称。

咸和二年（327），苏峻之乱爆发，东晋政府派陶侃征讨。从兄王导想让王舒出做陶侃外援，乃授其抚军将军、会稽内史。王舒却因会稽中的“会”字与父亲王会中的“会”相同，自己理应避讳，坚辞不就。其实“会”字在两处读音并不相同，“会稽”中的“会”为“kuai”音，王舒父亲王会的“会”则为“hui”音。王舒的辞呈经过东晋朝议之后，认为字同音异，不需要避讳。但王舒则拒不受命，坚持请求改任他郡，最后还是政府出面，官方上将“会稽”改为“郐稽”，他才勉强任职。苏峻之乱平定后，王舒因军功被封为彭泽县侯，在任上去世。

值得注意的是，王舒的儿子王允之因讨伐苏峻有功，也被封为番禺县侯，任建武将军，钱塘令，领司盐都尉。王舒卒后，王允之在安葬父亲之后，又被授予义兴太守，允之以为父守丧之故坚辞不就。为此从伯王导专门写信给王允之，以“群从死亡略尽，子弟零落，遇汝如亲，如其不尔，吾复何言”勉励王允之，希望他在家族兴亡、子孙零落之际担任此职，为扭转提升东晋中后期琅玡王氏家族政治地位而努力；但王允之依旧坚持不肯就任，直至咸和末年为父亲守丧期满之后才再次入仕为官。

无论是被刘义庆品评为能尽“色养之孝”的王悦，还是为避父讳坚决不肯就职的王舒，以及坚决替父守丧三年的王允之，他们虽然生活在琅玡王氏家族社会、政治影响力最大的东晋初年，但都没有因为特殊的地位影响其对家训的遵循，他们反而在生活上更加严格地要求自己，成为家族后世子弟学习的典范。

（五）为弟代死的王徽之

“书圣”王羲之的家庭生活十分吸引大家的眼球。这么一位举世瞩目的书法巨匠在生活中到底是一个什么样的人呢？王羲之一生共有七子一女，分别是玄之、凝之、涣之、肃之、徽之、操之、献之，其女是著名山水诗人谢灵运的外祖母。这些孩子之间又是怎样的关系呢？

翻开史书，不难发现，王羲之十分珍惜与家庭成员之间的感情，不仅是一个非常慈和的父亲，还是一个贴心的祖父。他现存的书贴大多记录的是一些生活琐事，比如“吾有七儿一女，皆同生，婚娶以毕，唯一小者尚未婚耳，过此一婚，便得至彼。今内、外孙有十六人，足慰目前”，语短情长，将儿女子孙的幸福生活作为自己人生一大慰藉，短短数语之中表现了对儿女家庭生活的关心。对于子孙的早夭，王羲之十分痛苦，现存的书帖中有这两段话，第一段为：“十一月十八日羲之顿首顿首：从弟子夭没，孙女不育，哀痛兼伤，不自胜，奈何奈何！王羲之顿首。”对从弟子及孙女的早夭十分哀痛；另一段为：“羲之顿首：二孙女夭殇，悼痛切心！岂意一旬之中，二孙至此！伤惋之甚，不能已已，可复如何？羲之顿首。”十多天中两个孙女的连续不幸夭折，令王羲之非常伤痛与惋惜，甚至不能自已。然而在政治上，王羲之却是一个意气用事的人，相传他因耻居太原王述之下辞官退隐后，曾立下终身不仕的誓言。在王羲之卒后，东晋朝廷顾念旧情，专门追赠他为金紫光禄大夫之职，诸子却谨遵父亲生前立志不仕的誓词，固辞不受。不仅王羲之与儿子们之间父慈子恭，诸子之中也手足情深，其中以王徽之与王献之最为知名。

王徽之（338—386），字子猷。王羲之第五子，曾担任东晋车骑参军、大司马参军、黄门侍郎等官职。性格卓荦不羁、任性自然，是东晋名士的代表。王徽之曾因故在别人的房子中暂住几天，但在他入住以后，立即吩咐僮仆种上竹子。有的人觉得很奇怪，便问他："你在这里又住不了几天，为什么费这么大工夫在这里种竹子呢?"王徽之答道："那是因为我的生活中一天都不能没有竹子。"

还有一次，王徽之在大雪纷飞的夜晚突然非常想念自己的好朋友戴安道，于是立即乘一叶扁舟从山阴至剡县拜访他，经过一夜的艰难跋涉之后，好不容易到了剡地戴安道的住所，却连门都没敲就又返回山阴。有人问他原因，他回答说："我本来是乘兴而去，兴致没有了就回来了。"

王献之（344—386），字子敬，小名官奴。王羲之第七子，自幼聪慧好学，在书法上与父亲齐名，深受王羲之器重。献之为人认真峻整，徽之与献之曾共处一室，房中忽然失火，徽之赶紧从房中逃跑，连鞋子都没顾上穿；献之却神色不变，不急不忙地传唤僮仆将其扶出房间。献之还曾夜卧斋中休息，有几个小偷悄悄潜入室中，把房间里的财物都偷尽了，正准备离开时，假寐的献之缓缓说道："小偷们，青毡是我家的旧物，所以请把它留下。"小偷们听后都吓跑了。王献之曾与兄长徽之、操之共同拜见东晋名相谢安，献之仅嘘寒问暖后便不再随便说话，徽之、操之则一直与谢安东拉西扯，谈论生活琐事。三人辞去后，门客询问谢安徽之、操之、献之三兄弟谁最出色？谢安答道：“优秀的人说话少。”认为三人之中以献之为最佳。

徽之与献之虽相差 6 岁，但兄弟情深。大约在公元 386 年左右，王徽之与王献之二人同时病重，有个算命的说：“当一个人走到生命的尽头时，如果活着的人愿意代替他死亡，那么将死之人就可以复活。”徽之听了以后说：“我的才学地位都不如弟弟，我愿意替他死。”算命的人看了王徽之后又说：“替人死的人，是因为自己尚可在世上活一段时间，以这段时间来延续将死之人的生命。但是现在你和你的弟弟的生命都即将结束，你用什么来替他死呢？”这件事情发生不久，献之便去世了。徽之在为弟弟吊丧时，并没有像常人那样失声痛哭，只是坐在灵床之上，准备弹奏献之的琴来表现自己的哀思，但一直无法调整好琴弦。最终，王徽之只能望琴而叹：“可悲啊，子敬，原来你的人与琴都不在了。”此后不过一个多月，徽之也病逝了。

（六）叔慈侄恭的王僧虔、王俭

王羲之家族是中古第一大族，族系众多，难免会有父母早亡、幼子存世的情况，这时，家族里的叔伯们便主动承担起抚养教育孤子的重任。

王僧绰（423—453），祖父王珣孙，为王昙首子。刘宋时期曾担任司徒参军、始兴王文学、秘书丞、司徒左长史及太子中庶子等官职，妻子是宋文帝长女东阳公主刘英娥。王僧绰气度不凡，少年时期便被视为本家族中能够成就大事者，后在宋文帝刘义隆与太子刘劭的政治斗争中被杀。王僧绰被杀时，儿子王俭刚刚一岁，还没有独立生活的能力，于是便由叔父王僧虔养育成人。

宋孝武帝初年，王僧虔出任武陵太守，王俭随行途中病重，僧虔因此废寝忘食，同行的宾客劝慰僧虔不必过于操劳。僧虔却说："从前马援对待自己的儿子和侄子之间，同样爱护，没有任何分别。邓攸对于他弟弟的儿子，更超过了自己亲生的儿子。我确实也怀有同样的心肠，也不敢和古人不同。但是兄长的后代如果因此死去，不能忽视。如果这孩子救不回来，我就要调转船头，辞去职务。"在叔父王僧虔的精心培养下，王俭年少笃学、手不释卷，得到了王僧虔门客的赞美。但王僧虔并没有因此替王俭高兴，反而叹曰："我不患此儿无名，正恐名太盛耳。"为王俭的少年盛名却又身处乱世而担忧，表现了对侄子殷切的关心。后来王俭历仕宋、齐两朝，在刘宋时担任秘书郎、义兴太守、太尉右长史等职，后因辅佐齐太祖萧道成即位有功，入齐后历任尚书左仆射、丹阳尹、侍中、尚书令、国子祭酒、学士馆主、太子少傅、卫军将军、中书监等职，封爵南昌县公，成为南朝推动琅玡王氏家族中兴的重要人物。

（七）玉昆金友的王铨、王锡

“玉昆金友”这一成语一般用于表示对他人兄弟的美称。唐人李延寿编撰的《南史》便把琅玡王氏家族第十一代子弟中的王铨与王锡誉为“玉昆金友”。这两人之所以得到后代史学家的赞美，是因为他们都以孝行知名于世。

王铨与王锡为王琳之子。王琳(生卒年）不详，字孝璋，主要生活在南朝萧梁时期，尚梁武帝妹义兴长公主，拜驸马都尉。曾任建安王法曹、司徒东阁祭酒，南平王文学、卫军谢朏长史，员外散骑常侍、明威将军、东阳太守、司徒左长史等职。王琳在家庭教育中极为重视孝悌观念的培养，一门八子中有五子在史传中以孝闻名于世。

王铨字公衡，风姿优美，谈吐清雅，婚配梁武帝女永嘉公主，曾经担任侍中、丹阳尹等职。王锡字公嘏，幼而警悟，学习刻苦认真，常在别人休息时继续刻苦读书，以致损坏右眼。14岁时便为太子洗马，与秘书郎张缵日夜陪伴在昭明太子萧统身边，以才学与陆倕、张率、谢举、王规、王筠、刘孝绰、到洽、张缅等人并为东宫十学士。

哥哥王铨在学业上的成就虽然比不上弟弟王锡，兄弟二人对父母的孝行却一般无二。母亲病笃时，王铨体形消瘦，容颜憔悴，大家几乎都认不出他；母亲去世后，他更是常常悲恸痛哭，还因此患上了气疾。弟弟王锡也以孝称。王铨与王锡因为尊亲的孝行，被时人誉为“铨、锡二王”、“玉昆金友”。王琳一门的孝悌之风在王铨、王锡的弟弟王佥、王质、王固身上也有充分的表现。王琳去世时王佥虽然只有 8 岁，在居父丧时却悲伤异常，以致毁损自己的身体；王固、王质居丧皆以至孝著称于世，特别是王固，他生性清虚寡欲，又崇信佛法，所以在母亲去世后，除了守丧之外，还终身蔬食，以此表现对母亲的追思。

最重要的是，王锡不仅自己事亲以孝，他的儿子们也秉承孝悌家风。王锡迁为吏部尚书时，因病不就职，整日把自己关在一个简陋的房间中。在王锡因病居家的这段时间中，他的儿子们冬天温被使暖，夏天扇席使凉，极尽人子事亲至孝之能事。

（八）王氏家族的孝童们

琅玡王氏家族中还有一些孝子，他们在亲人离世时未及弱冠，有的甚至只有八九岁，却以超乎常人的毅力为父母守丧。如王僧佑、王慈、王瞻、王规、王训、王昕、王猛等人。

王僧佑（生卒年不详），王孺孙，王远子，主要生活在萧齐时期，历任著作佐郎、司空祭酒、晋安王文学，卒于黄门郎。王僧佑尚未及冠（不到 20 岁），父母接连去世，他在居丧期间，由于过度的悲伤，头发全部都掉光了，以至于连帽子都没法戴上。居丧期满后，他被朝廷举为秀才，为骠骑法曹，又因为过度瘦弱而无法受命。王僧佑也因此被后人誉为“至孝之子”。

王慈（451—491）字伯宝，为王僧虔子，王俭从弟。8 岁时，外祖父江夏王刘义恭把他带到自己的内室，让王慈自己随便选取宝物，王慈只选了素琴、石砚和《孝子图》，表现了幼年王慈对于孝悌之德、雅致之品的追求；王慈的弟弟王志，母亲去世时年仅 9 岁，却非常伤心，悲伤过度以致容颜憔悴、身体消瘦。

王瞻（453—501）为王弘侄孙，曾为侍中、吏部尚书、鄱阳内史、晋陵太守、御史中丞、骁骑将军等职，袭封东亭侯。王瞻幼年时轻薄好游逸，大家都很担心他，他年长后方折节读书，特善骑射。他在跟随老师读书时，有歌伎经过师塾门前，同学们都跑出门去观看，唯有王瞻一人读书如故，从父尚书仆射王僧达听说这件事后，告诉王瞻的父亲王猷说："要维持我们家族长久而不衰败，就靠你们家这个王瞻了。"王瞻12岁时父亲病卒，他居丧时以孝知名于世。

王规（488—536）字威明，为王俭孙，王骞子，主要生活在齐梁时期，曾任黄门侍郎、左民尚书，袭封南昌县侯。王规8岁时母亲去世，居丧至诚，时人徐孝嗣见王规尚在幼年就如此行孝，不禁为他流泪，并把他称为"孝童"。王规的孝行使得叔父王暕非常器重他，常常称他是琅玡王氏家族的千里驹。

王训（511—536）字怀范，为王俭孙，王暕子，与孝童王规是叔伯兄弟。王训幼年聪警有识量，不仅被族人视为复兴家族的接班人，还被梁武帝称作"相门之相"。父亲王暕去世时，王训仅13岁，服丧期满后，忧毁过度，以至于家人都认不出他了。王昕为王伦之子，在学业和德行上都有很高的水平。王伦之治家严谨，严格限定时间面见子孙。在父亲王伦之亡故后，王昕居丧过于严格，超过了礼数的要求，以致最后因忧伤过度也病卒了。

王猛，字世雄，主要生活在陈隋之际。其父王清为王准之玄孙，曾任南朝梁散骑常侍，金紫光禄大夫，镇东府长史，新野、东阳二郡太守等职，梁陈之际在乱兵之中被欧阳颜杀害。王猛终陈文帝之世不听音乐，布衣蔬食，一直以服丧之礼要求自己的行为。

由上可见，孝悌是琅玡王氏家族子弟世代相传的家风与美德，也是琅玡王氏家族文化的重要组成部分。王羲之始祖王吉、王骏在汉代皆以孝廉被举为官。魏晋时期，王祥不仅以孝闻名天下，引领一时之风气，还被誉为中华“二十四孝”之一，成为后世孝悌之典范。在中国古代家族宗法社会中，人们思考的核心问题之一便是人伦关系。中国传统的儒家思想将正心、诚意、格物、致知、修身、齐家作为个人能够治国、平天下的前提，规范君子的道德行为，认为欲治国者必先齐其家。如《礼记·大学》所云：“古之欲明明德于天下者，先治其国。欲治其国者，先齐其家。欲齐其家者，先修其身。欲修其身者，先正其心。欲正其心者，先诚其意。欲诚其意者，先致其知。致知在格物，物格而后知至。知至而后意诚，意诚而后心正。心正而后身修，身修而后家齐。家齐而后国治，国治而后天下平。”又云：“所谓治国必齐其家者，其家不可教，而能教人者无之。故君子不出家而成教于国。孝者，所以事君也；弟者，所以事长也；慈者，所以使众也。”中古王羲之家族士子多以此种道德标准规范自己的行为，本家族内部成员之间父慈、子孝、兄友、弟恭，互相爱护团结，保持和睦友善的家风。事父母以孝，待兄弟以亲，王览之于王祥，王敦之于王导，王含之于王敦，王导之于王敦、王含，徽之于献之，王昙首之于王弘，王微之于王僧谦等，他们之间皆体现了家族内部兄弟手足之情。当然琅玡王氏家族内部也出现了王敦杀王澄、王稜，王舒沉王含父子等自相残杀之事，但从总体上来说，其家族内部始终保持一种互相友爱团结的关系，和睦的家风无疑是王羲之家族能历汉末魏晋六朝四百年而不衰之根基。

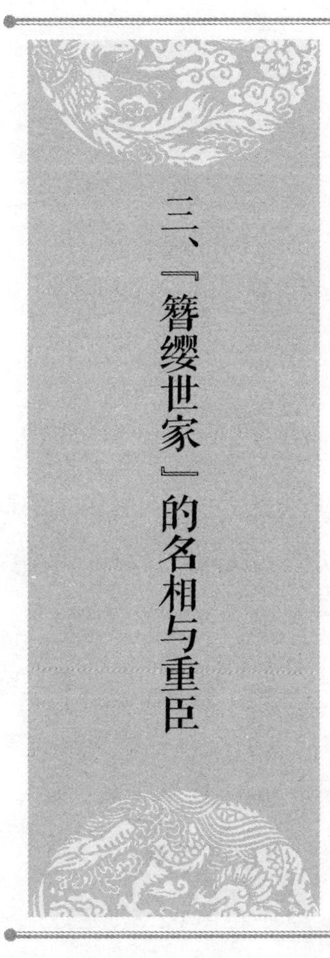

三、『簪缨世家』的名相与重臣

魏晋南北朝时期社会连年混战，君主权威屡受挑战，传统的道德标准已经无法规范个人日益膨胀的野心。在这种复杂多变的政治格局中，以孝悌闻名于世的琅玡王氏家族面对当权者的不断更迭，礼制与道德的群体性失范，仅仅提升个人自身的道德修养是远远不够的，还需要在整个社会关系中建立一种足以成为众人学习的道德规范，才能在纷纭的社会中维护家族的高贵门第，保持家族兴旺。前面曾经说过，这段时期又是王羲之家族最为繁盛的阶段，近 400 年中有 600 余人青史垂名，其中正传 62 人、三公令仆 50 余人、侍中 80 人、吏部尚书 25 人，90 人担任过相当于后世宰相的官职，特别是在东晋初年，还曾经出现“王与马，并天下”的辉煌。一个家族在这个特定的时期中集中出现这么多的宰相，不仅在当时，甚至在中国历史上都是非常罕见的。

究其原因，与王羲之家族形成中更侧重于道德与文化修养密不可分。在魏和西晋、东晋以及南北朝的每个时期中，王羲之家族都会出现一个在社会政治中举足轻重、同时在家族发展中也居于核心地位的人物。这些人始终都在乱世之中指引了整个家族发展的大方向，最大限度地维系了家族利益。

（一）平定海沂王别驾

"孝圣"王祥虽然在60岁时才步入仕途，但他在年近花甲时，在曹魏与西晋纷纭的政治风云之中，凭借自己的政治智慧奇迹般地成为魏晋南北朝王羲之家族中耀眼的政治明星，也为魏晋南北朝王羲之家族的辉煌正式拉开了序幕。

王祥60岁时，徐州刺史吕虔因他在当地德高望重而征召他出仕，王祥以自己年老为由，坚决地推辞了他的请求。后来弟弟王览积极鼓励哥哥应召为官，为他就职准备了牛车，还劝他出仕，王祥才接受吕虔的邀请。

王祥入仕后，被任命为徐州别驾。徐州当时地处兖州、豫州、扬州、青州之间，又濒临黄海。徐州为三国各路盗贼的聚集地，这些盗贼在当地无恶不作，给老百姓的生活造成了极为恶劣的影响。王祥所担任的别驾正是负责管理徐州境内的治安，就职后，他亲自率领兵卒，多次征讨并击破盗贼的队伍，维护了徐州境内治安稳定，使得深受盗贼骚扰之苦的百姓逐渐安居乐业。为了纪念王祥对这里所做的贡献，徐州境内的老百姓还自编了“海沂之康，实赖王祥。邦国不空，别驾之功”的民谣来纪念他对徐州的贡献。平定海沂只是王祥政治生涯的第一步，此后二十余年的政治生涯，王祥是如何在高平陵事变、曹髦被杀、司马炎篡位等政变中，既维护了自己的德行，又成为司马昭、司马炎父子倚重的重臣呢？

从嘉平元年(249)司马懿发动高平陵事变，至泰始元年（265）司马炎正式废魏建晋，17年间，司马懿、司马师、司马昭父子三人一方面大肆残杀政治异己，另一方面又标榜儒家道德，政治高压与虚伪道德给魏晋士人带来了前所未有的心理压力。正始十年（249），连年装病的司马懿趁大将军曹爽陪齐王曹芳离开洛阳至高平陵为魏明帝扫坟之际，起兵政变并控制京都，曹爽兄弟投降后被杀。自此曹魏军政大权落入司马氏手中，史称高平陵事件。王祥在高贵乡公曹髦在位时被拜为光禄勋，后转司隶校尉。期间因为讨伐毋丘俭有功，被迁为太常，封万岁亭侯。曹髦在位时，王祥更成为道德教化的化身：

> 天子（曹髦）幸太学，命祥为三老。祥南面几杖，以师道自居。天子北面乞言，祥陈明王圣帝君臣政化之要以训之，闻者莫不砥砺。

魏晋时"三老"是与"五更"并列的荣誉称号。"三老五更"一般都由皇帝亲自选取年老明理的官员，并以父兄的礼节对待他们，以表示天子对孝悌的尊崇。以三、五命名，象征三辰五星，上天正是借助三辰五星来照亮天下，王祥以"三老"（古代掌管教化的官职）的身份向他陈述古代明王圣帝君臣政化之要，不仅令在场聆听的官员砥行砺节，无疑也为当了多年傀儡皇帝的曹髦打了一针强心剂。

然而曹髦虽有重振曹魏国风之心，却没有任何实权，所以他最后的挣扎也被司马昭演变成为一场血淋淋的屠杀，高贵乡公曹髦也在甘露五年（260）被成济公然弑杀。甘露五年（260）五月六日深夜，曹髦在宫中召见王经、王沈、王业等人，对他们说"司马昭之心，路人所知也"，表示自己不愿再做司马昭的傀儡皇帝，宁为玉碎不为瓦全。但尚未有所行动，王沈、王业便把此事告诉司马昭。后来，曹髦带领冗从仆射李昭、黄门从官焦伯等，授予铠甲兵器，率领僮仆数百余人讨伐司马昭，但尚未出宫，便在司马昭心腹贾充的指使下，被武士成济所弑，年仅 20 岁。按照司马氏家族残杀异己的作风，当初暗示、鼓励曹髦的王祥也应该难逃厄运。然后，奇怪的是，司马昭不仅没有杀王祥，反而升了他的官。先是拜王祥为司空，后转太尉，加侍中。

咸熙二年（265）五月司马炎自封为晋王，当时位列三公的王祥与荀顗同去到司马炎府上祝贺。走在路上时，荀顗便告诉王祥："司马炎地位贵重，我们应当以拜礼表示对他的尊敬。"王祥说："司马炎虽然地位尊贵，但他仍然是魏国的丞相，我们都是魏国的三公，与他相比，官阶并无高下之分，在朝中的班列位次也是一样，哪有天子三司拜见人臣的呢！这样做，不仅有损于魏国之声望，也亏减了晋王本人的德行，君子爱人以礼，我不能这么做。"等到了司马炎的府邸，荀顗果然行了拜礼，而王祥仅长揖而已。司马炎感慨道："今天才知道你为什么会受到世人如此尊重啊！"王祥不因司马炎地位显赫，行君臣之跪礼，仍然按照魏制对其行拜礼；与荀顗相比，王祥表现得更有人臣之志。此后王祥不断上奏，以自己年至耄耋之岁，要求逊位辞官，告老还乡，但一直得不到司马炎的允许。

司马炎不仅不允许王祥辞官，还拜他为太保（监护与辅弼国君的官职），把他的爵位由侯爵晋升为公爵。除了提升他的官职和爵位之外，司马炎还特别恩准年老的王祥享有不必每天参加朝会的特殊待遇。即使朝廷有事需要征求王祥的建议，他本人也不需要到朝廷中，而是由皇帝亲自登门求教。御史中丞侯史光曾因此弹劾王祥，认为他年纪又大，身体也不好，又时常缺席朝会，所以根本不适合再继续做官，建议皇帝免去王祥的职务。但晋武帝不仅没有批准御史的弹劾，反而继续对王祥大加封赏。

司马昭、司马炎父子到底为什么如此推举王祥？不仅不追究他暗助曹髦的旧事，还给他加官晋爵，大加封赏呢？与他以孝行知名于世、文武兼修、声名显赫等因素不无关系。钱穆在《魏晋玄学与南渡清谈》一文中对司马氏此类行为作了深入的剖析：“当时司马氏政权，一面笼络私德很高的贤士，借来隐蔽其恶化政治的丑相。一面又不愿正人君子干预政事，以便为所欲为。”一语点破司马氏重用王祥之用心，王祥既孝敬父母，又对兄弟王览友善，更有平定海沂、造福百姓之功。这样一个既德高望重又能安邦定国的人，司马昭父子怎么能随便杀掉呢？

于家以至孝，于国有节义，王祥以其德行的高尚不仅得到了时人认可，更成为当权者宣扬教化的榜样。王祥在魏晋时期赢得社会声望和地位也成为琅琊王氏家族确立的关键。古代文学研究专家田余庆先生对王祥在琅琊王氏家族崛起中的作用做了充分的肯定，他认为："(琅玡) 王氏复起，主要是曹魏黄初年间王祥得为徐州别驾，纠合义众，助刺史吕虔讨平利城之叛有功，始入正式仕途，遂以显达，开魏晋琅玡王氏门户兴旺之端。"由是可知，王祥军功赫赫，又熟谙君政教化之礼，再加上其本身就具有极高的德行，既为王祥仕宦之路打下坚实基础，也为琅玡王氏家族门户的确立提供了条件。

（二）一世龙门王夷甫

汉魏时期王祥、王览以孝悌之德确立了琅玡王氏家族的门第，西晋中后期的王衍则以玄学的清赏妙谈进一步提升了本家族的社会地位，并以此博得时人"一世龙门"的雅赞。

王衍（256—311），字夷甫。王雄孙，王乂子。西晋玄学家，历任西晋北军中侯、中领军、尚书令、司空、司徒等重要职务。王衍少年时便以神情明秀、风姿俊朗闻名于西晋，童年时代曾拜见竹林名士山涛，山涛见了他之后，感慨道："不知是哪位老妇人，生出了这样一位宁馨儿。""宁馨儿"一词，也成为后世对美好事物的形容。另一位竹林名士王戎，也是王衍的族兄，对这个小从弟也是赞誉有加，认为他高风妙姿，像瑶林琼树，是超越世俗的杰出人才。

王衍不仅外表美貌，风神俊秀；而且明智颖悟如神，常常自比为子贡。子贡是孔子的得意门生，孔门十哲之一。孔子曾称其为"瑚琏之器"。他 14 岁的时候，曾经到都城洛阳拜访尚书仆射羊祜陈述事件情状，不仅言辞清楚明白，而且没有因为羊祜地位的尊贵显赫而有自卑屈节的神色。大家都觉得十分惊异，认为他是一个奇士。外戚杨骏想把女儿嫁给他，王衍却以此为耻，假装发狂才得免。晋武帝司马炎听说了王衍的名声，就问他的堂兄王戎当世哪个人可以和王衍相比。王戎说："没有见到当世谁能跟夷甫相比，应该从古人中去寻求能和他相媲美的贤人。"

王衍另一个异乎常人的特点是，他特别擅长清谈与博辩。玄学是西晋初年兴起的一种极具思辨性的社会思潮，其产生与汉末儒家思想的解体有着密不可分的关系。在汉代儒家正统思想环境下成长的士人，面对汉末弊政不断进行抗争，但一次次对抗黑暗政治的失败，进一步促使他们摆脱僵化的经学束缚，个体人生的价值和意义得以张扬，玄学才得以应运而生。作为这一时期学术研究的创新，玄学的形成和老庄思想有明显的关系，东晋以后又吸收了佛学的成分，步入新的阶段。它作为一种思辨哲学，对宇宙、人生和人的思维都进行了纯哲学的思考，这与两汉的神学目的论、谶纬宿命论相比，是一个很大的进步。最为重要的是，玄学提供了一种新的解释经籍的方法，对于打破汉代烦琐经学的统治也起了积极的作用。

王衍于玄理最为推崇何晏、王弼的“本无论”，其本人又善于玄谈，终日以妙谈老庄为务。他在谈玄时喜欢拿着玉柄尘尾，手与玉柄同色，每当遇到不妥帖的理论时，便随时更改，被世人称为“口中雌黄”。美好的姿仪、高妙的玄谈、尊贵的出身，名士的品评再加上政治上的隆裕，给王衍造就了极高的声誉名气。无论朝廷高官，还是在野人士，都很仰慕他，称他为“一世龙门”，王衍也因此引领了西晋一朝的玄谈之风。

但是，王衍虽然位高权重，却浮华放诞，不思为国。这样的处事作风不仅使他本人惨遭杀戮，还间接导致了西晋王朝的覆灭，这些都成为王衍一生中不可磨灭的败笔。元康九年（299）时为尚书令的王衍在听说司马遹被贾后诬陷时，立即上表请求解除女儿惠风与愍怀太子司马遹的婚约，以免惹祸上身。这种明哲保身却背信弃义的做法使王衍在第二年便被惠帝宣布“禁锢终身”。此后在司马氏诸王的明争暗斗中，王衍或佯狂避祸，或托病辞官。在光熙元年（307），他升任司空。次年，又任司徒。大约在这个时期，聪明绝顶的王衍似乎已经预见了西晋的必然覆灭，为了保全王氏家族，他精心策划，让弟弟王澄为荆州刺史，族弟王敦为青州刺史，并且语重心长地嘱咐两位兄弟："荆州有江汉之固，青州有负海之险，你们二人在外镇守这两个要塞，我留在朝廷里，可以说是狡兔三窟了。"

王衍最后被杀又一次应验了"书生误国"的谶语，这个结局既是王衍本人的悲剧，也是时代的悲剧。王衍的政治生涯几乎与"八王之乱"相始终，他一直在皇室内部权力的腥风血雨中寻找生存的方式。他虽然贵为司徒、司空，但从没有真正面对国家与国家之间、民族与民族之间你存我亡的较量。当西晋末年匈奴大举进攻西晋时，以聪明、机智、沉着、冷静著称于世的王衍便被众人推举为元帅，抵御外族的进攻。没有任何军事经验的他，很快就被石勒所俘虏。在刚开始与王衍交谈不久，匈奴的年轻后辈石勒便深深地被他的风姿与谈吐所折服。但王衍说自己本来是一介书生，胸无大志，只是随波逐流，根本无意做这么高的官，也没有能力承担这么大的社会责任，并乘机劝石勒称帝，没想到石勒因此大怒，斥责王衍身居高位，却清谈误国，并推卸责任，当晚就派人杀害了王衍。

后人经常批评王衍清谈误国，但其实清谈是两晋整体的社会风气，王氏家族另一位杰出的政治人物王导也喜爱清谈。《世说新语》中记载了很多王导谈玄的故事：

王丞相过江，自说昔在洛水边，数与裴成公、阮千里诸贤共谈道。羊曼曰："人久以此许卿，何须复尔？"王曰："亦不言我须此，但欲尔时不可得耳！"（《企羡》第二）

旧云：王丞相过江左，止道声无哀乐、养生、言尽意，三理而已。然宛转关生，无所不入。（《文学》二十）

殷中军为庾公长史，下都，王丞相为之集，桓公、王长史、王蓝田、谢镇西并在。丞相自起解帐带麈尾，语殷曰："身今日当与君共谈析理。"既共清言，遂达三更。丞相与殷共相往反，其余诸贤，略无所关。既彼我相尽，丞相乃叹曰："向来语，乃竟未知理源所归，至于辞喻不相负。正始之音，正当尔耳！"明旦，桓宣武语人曰："昨夜听殷、王清言甚佳，仁祖亦不寂寞，我亦时复造心，顾看两王掾，辄翣如生母狗馨。"（《文学》二十一）

王导是东晋第一名相，为元帝、明帝、成帝三朝重臣。他对清谈的喜好，势必引导其时之世风，王导本人也自然成为东晋初年清谈之领袖。与王导同时期的王敦，也"尤好清谈"，《世说新语》载：

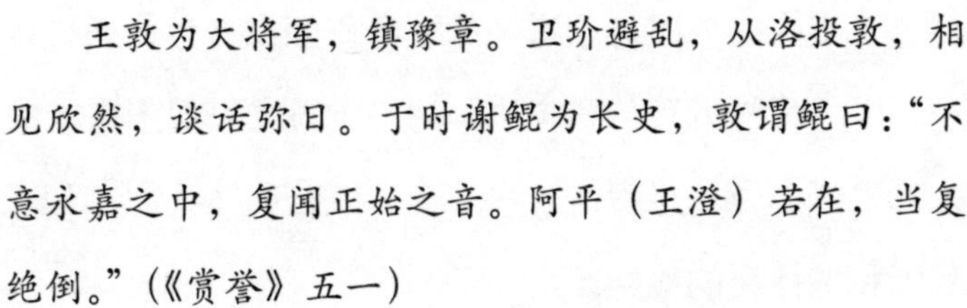
王敦为大将军，镇豫章。卫玠避乱，从洛投敦，相见欣然，谈话弥日。于时谢鲲为长史，敦谓鲲曰：“不意永嘉之中，复闻正始之音。阿平（王澄）若在，当复绝倒。”（《赏誉》五一）

王敦与名士卫玠谈玄弥日后，还向谢鲲感慨自己听卫玠谈玄，如同听到一百多年前的正始之音一般。至东晋末年王羲之时，对玄学的态度发生了一些变化，羲之虽与道士许迈共修服食，“采药石不远千里，遍游东中诸郡，穷诸名山，泛沧海”，却将清谈视为“虚谈废务，浮文妨要，恐非当今所宜”，从之前的精研玄理更多地转换为以名士风度风流自赏。

从王衍到王羲之的清谈不难看出，玄学中争论的无论名理之辩还是名教与自然等问题，归根结底其中心都是围绕儒学来展开的，名士放诞的行为正是他们内心济世思想的极端表现。王氏家族研习玄学的主要功用也在于探究玄理，更多的是将玄学清谈作为其政治行为的依托，也是其家族在魏晋险恶的社会环境中维持门第的手段。

同样都是清谈，为什么王衍却背上了“误国”的罪名呢？说到底还是他太过缺乏社会责任意识，把个体利益置于国家与民族利益之上。这样的人，在任何一个时代都不会得到社会的认可。在当代社会中，每个人都应该把那些以法律形式规定下来的，公民必须遵守的社会责任或义务，通过各种途径，以“我愿意”、“我应该”的自觉方式表现出来，做到人人知责任、处处尽责任、事事负责任，这样，才有利于当前我国和谐社会的构建。

（三）江左管夷吾王导

曹魏和西晋初年王祥以孝悌德化创立琅玡王氏家族的门户，继之而起的王戎、王衍、王澄等人在西晋中后期又以高妙的玄谈与品鉴扩大了家族的声誉。建兴四年（316），汉赵刘曜围攻西晋都城长安，愍帝司马邺袒衣出降，统一中国仅仅37年的西晋就此灭亡。第二年，琅玡王司马睿在建康称王，改元建武，史称东晋。太兴元年（318）司马睿即帝位，为晋元帝。在晋室南渡前后，王导在晋元帝司马睿身边，几乎以一已之德造就了王马共天下盛况，把琅玡王氏家族的地位推向历史顶峰。王导被世人称誉为“江左管夷吾”。

“管夷吾”即春秋时期著名的政治家、军事家管仲（前719—前645），正是在他的辅佐之下，齐桓公才能在春秋争霸之中，力转颓势，成就一方霸业，管仲也因此被誉为“华夏第一相”。王导（276—339），字茂弘，为王览之孙，王裁

王导谢安纪念馆（南京）

之子。东晋著名的政治家、书法家，历仕晋元帝、明帝和成帝三朝，是东晋政权的奠基人之一。曾任骠骑大将军、侍中、司空、尚书、中书监等职，封爵始兴郡公。咸康五年（339）卒后，晋成帝亲自在朝堂之上为王导举哀，追封谥号为“文献”，葬礼规格同西汉名臣霍光，是东晋中兴名臣中规格最高的一个。

与王衍浮华放荡的行为相反，王导一生克己为政，对东晋政权的建立、稳定也起到了无人可以替代的作用。他对东晋有四大贡献：第一，促成南迁，建立新朝；第二，用人唯贤，维护新政；第三，力主北伐，恢复士气；第四，大义灭亲，稳定朝野。几乎可以说，没有王导，就没有司马睿的东晋政权。王导对国家作出这些贡献的同时，也将家族的地位推向了历史顶峰。前三点贡献，我们放在这一节中进行阐述，最后一点，由于涉及王导从弟王敦，放在下面一节中进行解释。

先看促成南迁，建立新朝。早在西晋建国时，司马睿一系与王导家族就有着非常微妙的关系。晋武帝司马炎建国时，司马睿祖父司马伷便被封为琅玡王，而后司马伷的儿子司马觐、司马觐的儿子司马睿都承袭了琅玡王这一封号，祖孙三代先后封于琅玡，自然与当地望族琅玡王氏有着密切的交往。王导还在参赞东海王司马越军事时，就与当时的琅玡王司马睿有金兰之契。除此之外，面对西晋末年的内忧外患，王导已经敏锐地意识到天下将乱，把与自己私交甚密的司马睿作为复兴晋室的希望，是最为明智的选择；司马睿也非常器重王导，一方面把他视作自己的知己好友，另一方面，他也非常清楚，自己虽然贵为诸侯王，但如果没有世家大族们的支持，根本不可能有机会执掌朝政。凡此种种，都说明司马睿与王导以及整个琅玡王氏家族不同寻常的关系。

南渡之议，虽然始创于王旷，却是王导将这个理论付诸实施的。前一节提到，西晋末年驻守洛阳的王衍借助自己能调动天下兵将的权力，又任命王澄为荆州刺史，王敦为青州刺史，并将王导调为即将出镇建邺的安东将军司马睿的司马，分别占据了荆州、青州、建邺等军事要害，南掌江汉之固，东负濒海之险。王衍所制定的三窟之计，为琅玡王氏家族外建霸业、内匡帝室埋下了伏笔。西晋末年，八王之乱的战火尚未平息，西北匈奴也伺机进攻中原，面对中原纷纭的战事与瞬息万变的政局，王导力主时为琅玡王的司马睿南渡建康。司马睿先是以诸侯王的身份南渡建康，然后又以出镇下邳（今江苏省古邳镇）为借口，把时为东海王司马越参赞军事的王导改任为自己的安东司马。

王导就职以后，立即为司马睿制订了南下的计划。永嘉

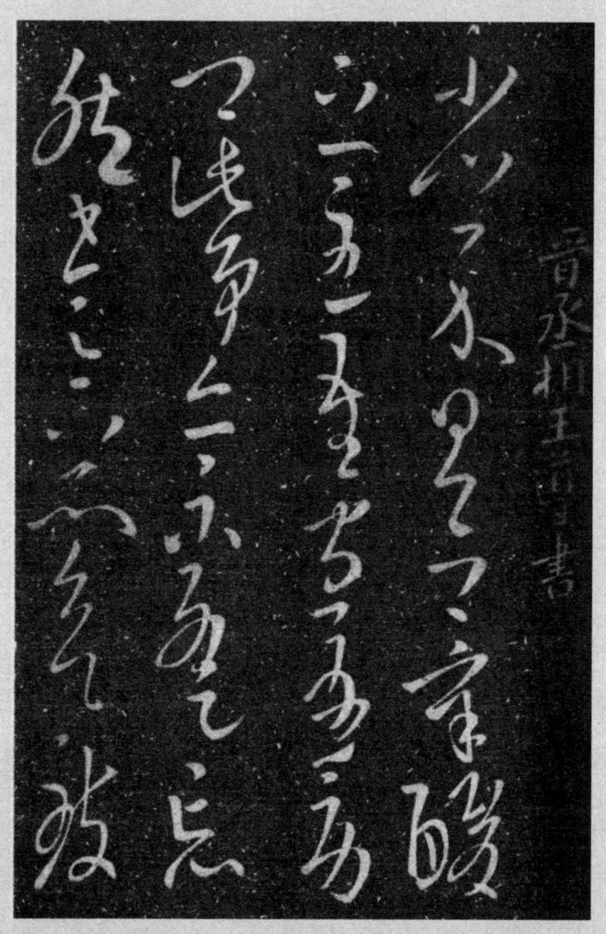

王导《心酸帖》

初年（307）九月，司马睿出镇建邺。建邺地处东吴旧地，民风弥固，地位不显的司马睿初来乍到，也没有显赫的声威与背景，因此吴地的世家大族没有一个人前来拜访问候司马睿，这无疑为他想要镇服江南的计划抹上了一层浓重的阴影。扶助司马睿的王导也为此非常忧虑。正好此时王敦来南方，王导便对王敦说：“琅玡王德行深厚，仁义爱民，但可惜声望还不够大，你现在也已经有了很高的威名声望，可以帮助一下琅玡王。”希望借助王敦在军事上的威名帮助司马睿建立声望。适逢三月三日上巳出游，琅玡王司马睿便摆好仪仗队伍，乘坐着轿子，亲自到郊外观看当地的修禊，王导、王敦等中原名士都骑着马跟在后面。江南名士纪瞻、顾荣，也悄悄地混在人群中观看司马睿，当他们看到北方望族的王导、王敦都对司马睿如此恭敬推崇，都非常吃惊，于是率众人相继在路边施礼恭迎司马睿。

三月三日上巳出游，在一定程度上提升了司马睿的声望，但还不足以使江东才俊臣服。为了进一步笼络德高望重的江东士人，王导又向司马睿建议征召吴地名士顾荣、贺循。面对司马睿的不解，他解释道：“古代的帝王，不仅尊老敬贤，体察民情，还要谦虚谨慎，以招贤纳才。更何况现在天下动乱，中原四分五裂，而您的大业才刚刚开始，目前正是我们急需人才的时候啊。顾荣、贺循二人是吴地最有声望的名士，应该好好结交他们以收服此地人心。只要这两个人愿意归附，其他名士自然也会来到您的身边。”经过这番解释，司马睿立即采纳了这个建议，派王导亲自拜访顾荣、贺循，后来二人都欣然归附至司马睿麾下。顾荣、贺循的依附，让吴地其他对司马睿心怀质疑的才士顿觉豁然开朗，由是人才归附，百姓归心。自此以后，吴地对司马睿的尊崇日渐增加，君臣之礼得以确定。

在力助司马睿稳定江东政局之后，王导还率先打破南北士族的隔阂，通过与南方士族通婚、学习吴地语言等方式促进南北融合。《晋书》和《世说新语》分别记述了这样两件事：

王导初至江左，思结人情，请婚于（陆）玩。玩对曰：“培塿无松柏，熏莸不同器。玩虽不才，义不能为乱伦之始。”

刘真长始见王丞相，时盛暑之月，丞相以腹熨弹棋局，曰：‘何乃渹？’（吴人以冷为渹）刘既出，人间见王公云何，刘曰：未见他异，唯闻作吴语耳。

第一则故事的大意是王导刚到江东，为了加强人际关系，便想与江东士族陆玩结亲家，但没想到陆玩却认为两家不同类，以“小土丘不能长松柏那样大树，香草与臭草不能放在同一器物内"的原因拒绝王导的请婚。陆玩还曾因王导家食用北方特色食物酪而生了病，便写信给王导说："我虽然是吴地人士，但差点成了伧鬼。"（南人北人互相轻视，北人称南人为"楚"，南人称北人为"伧"）言辞之间的不敬之意流露无遗，但王导并没有因此对陆玩心生嫌隙。

第二则故事是刘真长拜见王导时听到他说话时用了吴语"渹"字，等刘真长从王导家回来后，人家问他，王丞相是个什么样的人呢？他回答道："和普通人没有什么区别，只是会说吴语而已。"王导以宰相之尊学习当时被北方士人轻视的吴语，足见其对南方士人的尊重。这种不拘一格、礼遇南士的做法，也有效促进了南北文化的融合。

王导对东晋立国的作用，现代著名历史学家、国学大师陈寅恪先生做了精辟的分析，他认为："西晋末年北人被迫南徙孙吴旧壤，当时胡羯强盛，而江东之实力掌握于孙吴旧统治阶级之手，一般庶族势力微薄，观陈敏之败亡，可以为证。王导之笼络江东士族，统一内部，结合南人北人两种实力，以抵抗外侮，民族因得以独立，文化因得以续延，不谓民族之功臣，似非平情之论也。"将王导作为汉民族独立、中原传统文化延续的功臣，充分肯定了王导在东晋政权建立和巩固过程中的重要作用和积极意义。

王导对东晋的第二大贡献是用人唯贤，维护新政。东晋初立，于军旅未息之际，王导便率先意识到了教化对于社会稳定的重要意义，主张设庠序，以正人伦风化之本，通过学校教育让大家做到父义、母慈、兄友、弟恭、子孝，从而规范社会秩序，让老百姓知耻有礼。只有父子兄弟夫妇长幼之间的尊卑秩序有序之后，君与臣之间的礼才能更加稳固。中兴草创，未置史官，王导首建东晋史官制度，使朝廷事务有故例可循。王导在了解历代朝典故事的基础上，善于因事，趋利避害，完善东晋朝典礼仪，调和南北士族之间的矛盾，在维护和巩固东晋政权上起到了重要的作用。

王导出身高门，历仕东晋元、明、成三帝。司马睿尚为琅玡王时，就以南渡之功重用王导，称帝后，百官陪列，却命王导与其同享御床；成帝司马衍即位时不过5岁，每次见到王导，都要下拜，每年正月初一王导入朝拜见时，成帝也会亲自迎接。对于王导的妻子曹氏，身为一国之君的司马衍每次都以子弟礼拜见，以至在历史上留下了“以人君而敬人臣之妻”的美谈；但王导并没有因为高贵的家世、皇帝的宠信而矜傲，目空一切。他在任用人才上率先打破了严格的门阀制度，不以门第取士，无论寒庶，无论南北，不计前嫌，皆以才学能力选拔人才，许多士子都曾得到他的引荐和推举，咨选录如下：

杨方者，字公回。少好学，有异才。……司徒王导辟为掾，转东安太守，迁司徒参军事。(《晋书》卷六八《杨方传》)

(刘)惔少清远，有标奇，与母任氏寓居京口，家贫，织芒屩以为养，虽荜门陋巷，晏如也。人未之识，惟王导深器之。(《晋书》卷七五《刘惔传》)

陶回，……大将军王敦命为参军，转州别驾。敦死，司徒王导引为从事中郎，迁司马。(《晋书》卷七八《陶回传》)

谢尚，……善音乐，博综众艺。司徒王导深器之，比之王戎，常呼为"小安丰"，辟为掾。(《晋书》卷七九《谢尚传》)

谢安，字安石，尚从弟也。父裒，太常卿。安年四岁时，谯郡桓彝见而叹曰："此儿风神秀彻，后当不减王东海。"及总角，神识沉敏，风宇条畅，善行书。弱冠，诣王濛，清言良久，既去，濛子修曰："向客何如大人？"濛曰："此客亹亹，为来逼人。"王导亦深器之。由是少有重名。(《晋书》卷七九《谢安传》)

(王)濛少时放纵不羁，不为乡曲所齿，晚节始克己励行，有风流美誉，虚己应物，恕而后行，莫不敬爱焉。(《晋书》卷九三《王濛传》)

王导闻其（郭文）名，遣人迎之，文不肯就船车，荷担徒行。既至，导置之西园，园中果木成林，又有鸟兽麋鹿，因以居文焉。(《晋书》卷九四《郭文传》)

以上材料中涉及的士子，既有谢安、王濛这样的望族子弟，也不乏出身寒微如陶回、刘惔、郭文者。在门阀之风盛行、士庶界限分明的社会风气下，王导能以宰相之尊突破门第界限，选贤任能，为东晋初年的中兴打下了良好的基础。

王导的第三大贡献是力主北伐，恢复士气。中原沦丧之后，南渡士人志气大衰，面对社会普遍存在的悲观情绪，王导积极鼓励南渡北人积极中兴晋室，恢复中原。在刘义庆的《世说新语》中记载了这样一个故事：晋室南渡之后，从中原避难南方的士人们，一有空闲的时间，都互相邀请到新亭赏花喝酒。有一次，酒酣意尽之时，名士周顗便感叹道："新亭的风景与中原并没有什么变化，但是我们国家的江山与以前有了天壤之别啊！"表示了对中原沦为少数民族铁蹄之下的悲愤与无奈。参与聚会的名士们听了周顗的话，都触景伤情，不禁相对流泪。只有王导面色忽变，大声向哭泣的众人说："大家应当共同辅佐王室，收复神州，何必像楚国的囚犯那样相对哭泣！"大家听后，都停止哭泣纷纷向丞相致歉。新亭宴饮，面对山河破碎、物是人非的社会现实，大部分过江诸人都选择了随遇而安，仅仅相坐对泣追思旧朝，唯有王导力主勠力王室，把克复神州作为南渡士人之任，不仅显示了他自己复兴晋室的决心，更使得南北士子对其翕然相附。

作为东晋名相，王导不仅力主收复中原，还对如何收复中原有着极为独到的见解。桓彝南渡建康后，见东晋政府国力微弱，便告诉周顗："我本来因为中原乱离，所以南渡于此寻求生存之策，但朝廷如此势单力薄，如何才能解决大问题呢？"说完之后，桓彝一直闷闷不乐。后来，桓彝拜见王导，并与他谈论时事，心中郁结豁然开朗。归来后便告诉周顗："我刚才见到了管夷吾，从此再没有之前的忧虑了。"桓彝为晋代名士，桓温之父，史称其有人伦之鉴，他将王导喻为江左管仲，充分表现了渡江诸人对于王导匡扶晋室的期许。

东晋建立不久，咸和二年（327）就爆发了苏峻之乱，历经两年浴血奋战后，方才得以平定下去。但是，战争也给东晋国都建康造成了极大的破坏。于是以温峤为代表的一部分大臣建议迁都豫章（今江西省南昌附近），吴中士族则主张迁往会稽（今浙江绍兴附近）。面对大臣们的争论，王导力荐晋成帝应当继续以建康为都，他认为："建康是古时之金陵，以前就是帝王的都城，而且孙权、刘备都说这里是王者之宅。上古帝王不必因为宫室奢华简单而迁都，假如可以弘扬卫文公以大布之衣、大帛之冠为君的风尚，那么就没有什么做不到的。如果不搓绳织布（代指生活勤勉），即使乐土也会变成废墟。况且北方的敌寇仍然像幽魂一样，窥伺可乘之机以侵犯我朝，一旦随意迁都向他们示弱，流亡到南越之地寻求之前的声威和实力，这些恐怕都不是好的办法。现在最应该结束争论，镇之以静，群情自安。”

（四）王敦谋反了怎么办

永昌元年（322），王敦谋反攻入建康，欲废元帝而立幼主，因王导不赞同，只得退回武昌。不久，元帝因忧惧而崩，王导受遗诏辅立明帝司马绍，迁任司徒。后王敦病重，王导诈称其已死，又派军击败王含，最终平定了王敦之乱。在镇压王敦起兵过程中，王导起到了非常关键的作用。对于王敦与东晋政府的重重矛盾，身为丞相的王导是以什么原则协调二者之间的矛盾关系呢？

首先需要明确的是，王敦起兵固然有夺权之心，但维护本族的政治利益、摆脱司马睿的遏制也是重要原因。王敦起兵之后，同为琅玡王氏家族的王导在处理王敦与东晋政府关系时，主要是以均衡二者力量、最大限度地保全本家族为准则。

东晋立国不久，元帝司马睿面对日益强大的琅玡王氏家族，有意任用刘隗、刁协疏离王导、王敦。面对司马睿的行为，王导虽意甚不平，却隐忍而不发。而性子火暴的族兄王敦却十分不满，屡屡上疏陈古今忠臣被君主怀疑之愤忿，把刘隗、刁协等人比作“苍蝇”，要求司马睿早日清除身边小人。王敦的进谏，不仅没有令司马睿疏远刘隗、刁协，反而使其对以王导、王敦为代表的琅玡王氏家族更加忌惮。当年西晋国都西都长安沦陷，国家无主，群臣及四方豪强奉劝司马睿进位大宝之时，王敦担心司马睿贤明，曾有更换皇帝的建议，王导极力坚持才使司马睿得以登基。王敦起兵后，便告诉王导：“当初你不听我的话，现在我们的家族几乎被灭。”王敦最终在永昌元年（322）以“诛隗翦恶”为名发动兵变，很快便攻占建康，杀戴渊、周顗、刁协，刘隗也被迫投奔石勒。

王敦起兵后，身处东晋中枢的王导面临着被诛的危险，但他并没有惊慌失措，却表现得从容有余，并主动要求大义灭亲。《晋书》载：

王敦之反也，刘隗劝帝悉诛王氏，论者为之危心。王导率群从昆弟子侄二十余人，每旦诣台待罪。帝以导忠节有素，特还朝服，召见之。导稽首谢曰："逆臣贼子，何世无之，岂意今者竟出臣族！"帝跣而执之曰："茂弘（王导字），方托百里之命于卿，是何言邪！"乃诏曰："导以大义灭亲，可以吾为安东时节假之。"

王敦谋反之后，刘隗劝司马睿心存戒备，尽诛琅玡王氏。王导则带着琅玡王氏家族所有的兄弟子侄，每天早晨到皇宫前请罪。晋元帝因王导平时忠孝节义，特赦王导上朝觐见。见到元帝后，王导跪拜认罪，并说："每个朝代都有逆臣贼子，但没想到当今逆臣竟然出自我家。"元帝顾不上提鞋子便扶起王导说："茂弘，我把国家的政令都交给你了，现在你不要说这种话。"于是发布诏令："王导大义灭亲，可以做我朝的安东时节。"王导携带族人主动求罪，不仅向世人公开表示自己在族兄谋反后的态度，还令司马睿对王导"跣而执之"，这一举措不仅极大地提高了王导个人的道德威信，还使得整个琅玡王氏家族得以免于处罚。

永昌二年（323），司马睿忧愤而死。明帝司马绍即位时年仅23岁，新帝的登基令二朝元老王敦的气焰更为嚣张，加紧图谋篡夺，王导则站在维护帝室立场坚决予以反对。但此时的王敦不仅自己身患重疾，已经无力带领三军，还放任手下大肆抢掠，人心渐失。太宁二年（324）五月病入膏肓的王敦矫诏任命从兄王含为骠骑大将军，王应为武卫将军，带领钱凤、邓岳、周抚率三万精兵进逼京师，又任用无能的王含为元帅，致使其被曹浑大败于越城。王敦患病时，为鼓励讨伐士兵的斗志，王导率族中子弟集体为王敦发丧，让大家都以为王敦已死。士气高扬的东晋军队在中军司马曹浑的带领下在越城打败王含军，王敦必败局势渐明。此时王导在支持东晋讨伐王敦的同时，又写信给王含，劝其早投东晋，希望其能弃暗投明，早日与自己共商镇压王敦的方法，并承诺只取钱凤一人即可。

因为王导在王敦起兵过程中的积极协调与斡旋，在王敦之乱被平定之后，王导不仅没有受到牵连，还被晋明帝加封为始兴郡公，进位太保，司徒如故，并享有可以穿鞋佩剑进入宫廷、上朝时不需快步走、朝拜帝王时赞礼官不直呼其姓名的隆遇。很多被卷入王敦之祸的王氏子弟也在王导的庇护下得以免祸。王敦死后，有官吏弹劾王彬及王籍之都是王敦的亲属，应当免职。晋明帝却认为部分王氏子弟虽然没有遵循君臣之道，误投王敦，但鉴于司徒王导的大义灭亲之举，所以王氏家族百世之内触犯法律的子弟都应当宽恕免罪，更何况与王导是近亲的兄弟王彬。因此不仅没有追责，反而把王彬、王籍之二人官复原职。再如王廙，在王敦起兵伊始，晋元帝司马睿曾就派遣王廙劝服王敦。但身为国家使臣的王廙不仅没有阻止王敦的行为，反而直接归依了敌军，并受到王敦的重任。对于“叛贼”王廙，晋元帝并没有以罪臣、叛贼处置，在王廙病卒后，还让皇太子亲临拜柩，行家人之礼。

王氏家族中明确反对从兄王敦的还有王彬、王允之等人。王彬（278—336）字世儒，王导、王敦从弟，为人方直朴素。虽然出身琅玡王氏家族，地位尊贵，却经常布衣蔬食。曾任东晋豫章太守、前将军、江州刺史、尚书右仆射等职，封爵都亭侯。王敦攻入石头城后，元帝曾经派王彬安抚王敦。王彬与名士周顗私交甚笃，周顗被王敦杀害后，王彬见王敦之前，率先去哭悼周顗，而且十分悲痛。哭完之后才去面见王敦，王敦看到王彬面容凄楚，就问他因何如此伤心。王彬说：“刚才去哭悼伯仁（周顗字），情不自禁地伤心罢了。”王敦非常生气地说：“伯仁自己导致了被杀的命运，而且如果别人遇到你，又当怎么做啊！”王彬说：“伯仁是受人尊敬的长者，也是你的好朋友。他在朝中虽然没有正直敢言，但也没有阿谀奉承，却在被赦免后又被处以极刑，所以我为他伤心惋惜。”然后又勃然怒叱王敦说：“哥哥你起兵违反正义，杀害忠良之臣，图谋不轨，会给我们的家族带来灾祸。”慷慨陈词，声泪俱下。王敦大怒，厉声说：“你如此狂放悖逆，是不是觉得我不能杀你呢？”此时坐在一旁的王导劝王彬向王敦道歉，王彬却说：“我的脚不舒服，面见天子还不想行拜礼，怎么能下跪呢！再说我又有什么地方需要道歉呢！”王敦说：“脚疼厉害还是脖子疼厉害？”面对王敦的威胁，王彬神色自若，一点也不害怕。在王敦准备第二次进攻京师时，王彬一直苦苦劝阻。王敦示意手下收捕王彬，王彬却正色道：“你以前杀害哥哥（王彬从兄王稜），今天又要杀我吗？”王敦这才因为亲戚的原因容忍下来。

王允之（303—342），王会之孙，王舒之子，王导、王敦的堂侄。历任东晋钱塘令、司盐都尉、宣城内史、建武将军、西中郎将、南中郎将、江州刺史、卫将军、会稽内史等职，封爵番禺县侯。儿童时期的王允之与王敦年少时非常相似，深受王敦的喜爱，所以每次出门总是把王允之带在身边，出去的时候与他一起坐车，回来时则一同休息。有一天深夜，王敦夜宴钱凤等人，王允之也在一旁侍坐。席间，王允之以醉酒为名先行告辞后，王敦便与钱凤一同商谈起兵谋逆之事，这时允之已经酒醒，听到王敦与钱凤的商议后，担心他会怀疑自己，便佯装酒后呕吐，弄得脸上、衣服上都是污物。钱凤走后，王敦果然专门来看允之是否真的入睡，看到他吐得到处都是，便认为允之真的大醉，便没有再怀疑他。恰逢王允之父亲王舒被授予廷尉，王允之便央求王敦允许自己与父同行。王敦应允后，王允之得以到父亲身边，并把他听到的王敦、钱凤商量的谋反事宜告诉王舒，王舒立即与王导一起把此事上奏晋明帝。王允之父子及时地将王敦谋反的消息告诉给东晋政府，鲜明地表明了他们大义灭亲保卫朝廷的决心。

（五）宽和公允王太保

晋末宋初之时，军阀混战，王弘凭借宽和公允的处世态度成为众人推崇的榜样。王弘（379—432），字休元。王导曾孙，王洽孙，王珣子。王弘年少好学，以清简明悟知名于世。王弘父亲王珣喜爱聚敛财物，生前置办了许多产业。在王珣去世后，王弘把父亲生前积累的债券凭据付之一炬，所有的欠债者都不需要再偿还，其他的资产也都委托自己的族兄弟，自己分文不取。

王弘生活的社会背景与之前相比发生了重要的变化，这一时期是门阀政治备受打击，皇权回归的时代。南朝做皇帝的人大都出身行伍，无论社会地位还是文化修养均与王谢诸门相差甚远。宋武帝刘裕不仅做过苦工，还曾因欠人钱财而被关入监狱；齐、梁萧氏同为下层武将，陈武帝也出身贫寒。出身寒门的将领取得统治权之后，出于维护自身政治利益的角度，对于士族则采取了安抚和镇压两种手段，一方面利用高门士族文化优势，并通过与高门联姻等手段提升皇室的威望；另一方面又通过重用寒士削弱士族的政治力量。当士族与皇室发生冲突和对抗时，不论出身的门第如何显赫，只要触犯君主权威，一律严惩不贷。宋文帝杀谢晦、谢混、谢灵运，孝武帝杀王僧达，齐武帝杀王肃及其亲属子弟等，都是士族在与君权的对抗中失败的例子。在这种社会趋势下，作为继王祥、王衍、王导之后，王氏家族的又一位重要的政治人物，处在晋宋易代之际的王弘，如何继续保持"簪缨世家"的声望与地位呢？

大约在东晋太元二十一年（396），18 岁的王弘便成为会稽王司马道子骠骑主簿。隆安四年（400），王珣病逝，王弘辞官为父亲守丧。当时正值国难当头，几乎所有居丧的人都不能守满三年丧期，唯有王弘在三年中对所有的征召一概不允。元兴元年（402）桓玄攻克建业，逮捕了王弘旧主司马道子，并将其交付掌管司法刑狱的廷尉审理处罚，司马道子的故吏旧臣碍于桓玄声威，没有一个人敢于去与之送别。但正在为父守丧的王弘得知这个消息之后，独自到路边辞送司马道子，临别时还用手攀附着囚车痛哭流涕，知道这件事的人都称赞王弘。为父守丧所体现的至孝，分文不取的博大气度，再加上不畏强权下心念旧主的品德，都为王弘赢得了极高的社会赞誉。

作为王羲之家族的一员，王弘并没有因为显赫的家庭出身与优越的社会地位而目空一切，反而在东晋末年的军阀混战中，清醒地意识到自己的位置，审时度势。王弘平时做事言谈严格依据礼法，不做任何逾礼僭越之事，当时很多人争相效仿他的举止行动及书信礼仪，并称之为“王太保家法”。

上承东晋门阀余绪，刘宋初年的士族仍会作出许多违反国家法度的行为。如出身陈郡谢氏的谢灵运，因为他的一个爱妾被军人桂兴侮辱，便不顾国家法令对桂兴痛下杀手。他杀掉桂兴之后仍不解恨，还把其尸体丢入江水之中。谢灵运随意杀人的任性行为震惊了整个刘宋朝廷。但是鉴于谢氏家族的声望，谢灵运并没有因为自己的违法行为而被有司缉捕，甚至连当时担任御史的王准之也没有弹劾谢灵运。但王弘得知此事后，率先向宋武帝刘裕奏弹谢灵运，要求严惩其恣意杀人的罪行。最后，谢灵运虽然没有因此被大理寺定罪，皇帝刘裕却免去了他的官职，并以此事为戒，勒令所有士族子弟不得再随意滋事，否则必将按照律法严惩不贷。

王弘博练政体，留心庶务，不断结合社会的变化，以宽和的态度和公允的方式处理政务。刘宋政权建立之后，社会逐渐趋于安定，王弘便向宋文帝建议减轻人们徭役，减轻刑罚，主张与民休息。在处理事务时，不论尊亲，王弘皆以公平为准则。王弘曾经担任管理荐举官吏的职务，每次在授予别人官职或荣耀之前，他都要先对此人严厉地呵斥责辱，然后再向其加官晋爵；所以当王弘对某人和颜悦色、美盼相接时，就说明此人什么官爵都没有。曾经有人问他这样做的原因，王弘回答道："如果在授予别人王爵之时，还要对其欣然抚问，有与人主分享功劳之嫌，这便是古人所谓的奸以事君。如果求官者与我之间没有官吏之间等级次第的划分，我也没有授人以惠，再不借和颜悦色来安抚他们，那么就会结为仇怨，这正是我所鄙薄不愿意做的事情。"问的人听了觉得心悦诚服。元嘉初年，五十多岁的王弘屡次请求逊位，宋文帝刘义隆不仅没有同意，反而对其加官晋爵，最终官至太保。不得辞职的王弘在政务上每事推谦，把事情的决断权都交给彭城王刘义康处理。在选拔与委任官员中恪尽职守，不结党营私，以求不分人主之功，身居高位却不独断专行，这些都足以说明王弘为官的谦逊。

（六）仁爱治民美名扬

仁是礼的主要内容，礼是仁的外在表现。仁爱是达到礼治的方式，进而衍生出爱、敬的具体行为准则，其外在表现为以德治民，教化人民。《礼记·哀公问》有："古之为政，爱人为大。不能爱人，不能有其身。"认为在国家的政治行为中，以爱护人民最为重要，如果不能爱护子民，则没有国家和君主。除了王祥、王衍、王导、王弘等在王氏家族政治生涯中具有中流砥柱意义的重臣之外，还有王戎、王荟、王志、王亮、王琨、王冲等人，他们的名气虽然不大，但在为官施政中的思想、行为都体现了仁爱治民的原则。

西晋王戎任侍中时虽然没有特殊的才干，却把当地的政务民生治理得非常有条理。太康元年（280），西晋消灭东吴，一统全国。但东吴政权的覆灭并不代表民心的归附，如何尽快稳定战后东吴社会，使万民归心成为当时的头等大事。王戎因平定东吴有功，晋封安丰县侯，负责渡江安抚吴国百姓，宣扬晋国恩威德化。曾任吴国光禄勋的石伟为人正直，却看不惯旧主孙皓的昏庸暴虐，而称病辞官。王戎非常欣赏他的清刚之节，在他的力荐下，晋武帝司马炎下诏拜石伟为议郎，终身以两千石俸禄供养。看到王戎如此知贤任能，吴国的老百姓对他都十分心悦诚服。

王导之子王荟性格生性恬静笃实，不慕荣利。他担任吴国内史时，有一年闹饥荒，粮价暴涨，很多人都饿死了。王荟便用自己家的米粮煮粥给饥饿的老百姓吃，救活了很多人。王羲之任会稽内史时适逢饥荒，他不等朝廷下旨便立即下令开仓赈粮。在吴会做官时，他认为本地百姓缴纳的赋税多，经常上疏请求减轻当地赋税；王志为丹阳尹时，他为政清静，遇到饥荒，每天早晨都要煮粥，在郡门外施舍给饥民，得到老百姓的称赞；王亮为晋陵太守时，在职清明公正有美政；王莹为东阳太守时，施政有惠爱，改迁吴兴太守后，对地方政务也有很好的管理，因此频处东阳、吴兴二郡，以善于治理地方政务闻名；王亮在职清廉公正，有美政；王冲性格温和柔顺，做事情严肃谨慎，熟知国家法令，以平理治理政事，无论是辅佐藩国还是治理百姓，都很少有失德之处。

王弘族弟王琨（399—482），历仕南朝宋、齐二朝，曾任刘宋尚书仪曹郎、州治中、左军谘议、宣城太守、司徒从事中郎、义兴太守、东阳太守、宁朔将军、吏部郎等职，萧齐时，任侍中、左光禄大夫。王琨为官廉约谨慎，《南齐书》有"万石祗慎，琨既为伦"之语，认为王琨可与谨慎小心的东晋名臣谢万石相媲美。

王琨历仕藩邸，官至光禄大夫，但始终保持谦恭谨慎的态度，即使年老也依旧没有改变。每次参加朝会，准备面见皇帝时，他都要早起，认真检查官服是否合体，整理头冠、巾帻，反复做三四次才罢休。同时，王琨还是一个不畏权贵、耿直正派的人，他曾经担任南朝宋吏部郎一职，这个职位主要负责政府官员的选拔与任命。当时社会说情风气十分严重，每当吏部选官时，一些王公贵族经常出面褒扬某人，提出种种要求促迫吏部选拔他们举荐的人。有一次，江夏王刘义恭要求王琨把他的两个熟人提拔为官吏，但是王琨坚持按朝廷制度办事，坚决回绝了这位王公贵族的要求。

齐高帝时，王琨族兄王俭官至宰相，他命令当时担任侍中的王琨通知东海郡守，让东海郡负责筹措前来朝贺的各方官员的经费。于公，王俭是宰相，王琨则仅为侍中；于私，王琨又是王俭族弟，王琨却一点也没有给王俭这个哥哥面子，而是派人告诉他说："请你告诉宰相大人，朝中三台五省的官员，都是宰相的下属。他们朝贺皇上所需的各种费用理应由自己解决。东海郡是远离京师的一个偏僻之地，本来十分贫穷，朝中的官员怎么能再去盘剥它呢！"严词拒绝了族兄王俭的要求。

纵观整个魏晋南北朝时期的王羲之家族，有德高望重的王祥、放诞虚浮的王衍、镇国兴邦的王导、宽和公允的王弘这样对国家举足轻重的核心人物，他们同时也是王氏家族在政治的疾风骤雨中前行的指明灯。在这些人的引领下，大部分王氏子弟都能恪守家规，不仅注重个人道德的完善，对政治理想的追求也十分强烈。特别是自正始而来，玄风日炽，士人放浪形骸，不以机务缠身。但王氏家族中的那些鄙薄事务、放浪形骸之辈，却受到族人的鄙薄。《晋书》中录两晋王氏士子近三十人，虽有王戎、王衍之类的谈玄者，但更多的人以建立功业、弘扬家门为己任。王导以务实责子，见到性格傲诞、不拘礼法的儿子王恬便要加以训斥。即便是看到风景秀美的会稽山水便有终焉之志的王羲之，虽因仕途不得意而愤然辞官，但归隐并不代表他不关心政治。即使在辞官之后，他还多次与殷浩诸人谈论北伐之事。由是可见，无论官职的高低，琅琊王氏家族士子在政治活动中多以维护国家、仁爱治民作为准则，这种家法家教也成为维系家族命运的重要保障。

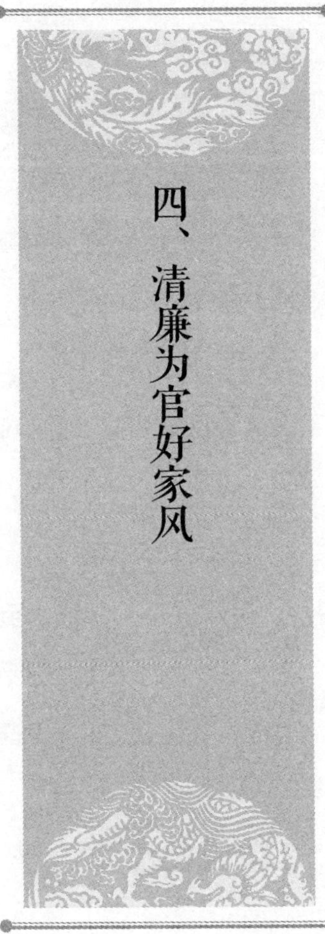

四、清廉为官好家风

魏晋南北朝是王羲之家族最为显赫的时期，其成员或由荫庇或由祖业，大都位居高职，却不以官谋财，清俭自律，廉俭一直作为琅玡王氏家族的家风保持下来。在整个王氏家族的发展繁荣过程中，大部分子孙都能做到不贪财、不爱钱，临财以让。中古第一豪门的王羲之家族自然有丰厚的家族财富，那么，在巨大的家族财富中，王氏家族的子弟们又是如何坚持做到居家简朴、清廉为官的呢？

（一）临财以让定家规

翻开王氏家族的历史，自西汉王吉开始，世代都以清廉著称。王吉的儿子王骏、孙子王崇虽然才学名声稍逊于父辈，但因为高尚的德行，官职越来越高。王骏为御史大夫，王崇为大司空，封扶平侯。在王吉、王骏、王崇祖孙三代人做官期间，每次迁徙居所，车上只有简单的衣物，从未携带其他贵重物品，家里也没有储存多余的财务，离职居家后，生活上也布衣蔬食，所以他们是大家公认的廉洁为民、不收取贿赂的好官。但奇怪的是，平时廉洁为民的他们在生活上虽没有金银锦绣这样华贵的饰物，但在衣食住行上却非常讲究，显得十分出众，而以他们微薄的俸禄根本不足以维持这样的生活。当时的人发现王家这样奇怪的事情，困惑却又找不到合适的解释，进而便又认定这家人肯定有自己制造财富的神秘功能，故而在民间流传有“王阳能做黄金”的故事，把王阳想象成一个能把石头变成黄金的仙人。其实，从现代科学的角度来看，王阳是肯定不能点石成金的，最多只能是既清俭廉洁又善于持家罢了。这种清廉的生活习惯一直持续到东汉末年的王祥，他根据在自己为官二十多年中的经验，总结出了“临财莫过让”的王氏家规。

“临财莫过让”是王祥临终时留给家人的遗训之一。王祥事亲笃孝，在乱世之中平定海沂，具有极高的社会影响；位列三公，官至太保，又有极高的政治地位。这样一个在汉魏时期举足轻重的官员，却没有为自己置办一处房产。在很多官员贵族都非常看重身后事的年代，王祥在临终之际，不仅反复要求家人最简单的安排自己的葬礼，而且在遗嘱中对葬礼中涉及的很多细节都做了比较详细的安排，如“气绝但洗手足，不须沐浴，勿缠尸，皆浣故衣，随时所服。所赐山玄玉佩、卫氏玉玦、绶笥皆勿以敛。西芒上土自坚贞，勿用甓石，勿起坟陇。穿深二丈，椁取容棺。勿作前堂、布几筵、置书箱镜奁之具，棺前但可施床榻而已。脯各一盘，玄酒一杯，为朝夕奠。家人大小无须送丧，大小祥乃设特牲。无违余命！”在这个遗训中，王祥从入殓、丧葬、吊唁、送丧等方面都做了安排，他告知家人，在自己气绝之后，只需清洗手足即可，不要沐浴裹尸，穿以前的普通衣物即可。皇上恩赐的山玄玉佩、卫氏玉玦、绶笥等物品不要随葬。自己埋葬地西芒的土已经非常坚硬，所以不用再另外搬运甓石，也不需拱起坟陇。挖土二丈即可，外棺可容内棺即可。办丧事时，不需要做前堂、布几筵，也无需安置书箱镜奁，就在棺材前面放一张床榻即可。祭品也不必过于复杂，干粮、果脯各一盘，加上一杯玄酒即可。家人无论年长年幼都不须送丧，祭礼或宾礼也只用一种牲畜，最后还再次叮嘱家人不要违背自己的命令。王祥卒于泰始四年（268），在他卒后的七八年，其家人生活依旧非常穷困，以致晋武帝在咸宁（275—280）年间还赐绢三百匹以接济贫困的王祥家属。

无独有偶，在王祥去世后不久，琅玡王氏家族又诞生了一位对晋室国祚影响深远的士人——王导。王导在东晋初年的重要地位与影响是毋庸置疑的，正是王导的努力，稳定了风雨飘摇的司马氏政权，使晋室国运又延续了一百余年，他也因此被司马睿尊称为“仲父”。王导虽然位高权重，平时生活却俭素寡欲，家中的粮仓既没有储存多余的谷子，也从不穿多一件丝质的衣服。除了自己保持简朴的生活作风之外，在他的身体力行下，其子孙也都保持这种家风。王导族兄王敦，蜂目豺声，却从不说财色之事。王导长子王悦非常节俭，王导每次下令扔掉家中腐烂的甘果时，还反复叮嘱下人不让大儿子知道。

（二）绕床满是阿堵物

西晋统一全国之后，士人夸富比富之风盛行，比较知名的如石崇王恺比富，王恺饭后用糖水洗锅，石崇便用蜡烛当柴烧；王恺做了四十里的紫丝布步障，石崇便做五十里的锦步障；王恺用赤石脂涂墙壁，石崇便用花椒；何曾日食万钱，仍觉无由下箸，其子何劭日食两万。凡此种种，都反映了西晋贵族穷奢极欲的生活风尚。但此一时期的琅玡王氏士子王戎、王衍诸人，却能在奢侈的风尚中保持本家族廉俭的家风。王戎的父亲王浑在凉州病卒后，过去的吏属们赠钱数百万，王戎却坚辞不受。比王戎稍晚的王衍不仅以明秀风姿闻名于西晋，他将金钱视为阿堵物的故事也在社会上广为流传。

王衍（256—311），字夷甫。西晋太尉、尚书令，封爵武陵侯。总角之年他就被竹林名士山涛品评为“宁馨儿”，14 岁时在京师拜访名重位高的仆射羊祜时，少年王衍用清辩的言辞清楚地申陈事状，毫无屈下之色，大家都为之惊异。王衍善于玄谈，加之家庭出身高贵，政治地位显赫，后进之士皆效仿学习，奉以为尊。晋武帝司马炎曾问王戎：“夷甫（王衍字）当世谁能比？”王戎答道：“未见其比，当从古人中求耳。”认为王衍才能当世无匹，唯有从古人中才能找到可与之相比者。甚至连性格刚强坚韧的王敦在渡江后还常常称赞“夷甫处众中，如珠玉在瓦石间”，画家顾恺之，也称王衍风骨如岩岩清峙，壁立千仞。王戎、王敦、顾恺之对王衍的品评和鉴赏，提升了王衍的声望。

王衍虽以玄谈倾动当时，却迫于政治压力娶了贾南风之亲郭氏为妻。郭氏为人贪婪，聚敛无厌。王衍虽妙善玄谈，在生活中却不善经营，不事产业。早年，王衍父亲王乂卒于北平后，之前的故吏旧属赠送了丰厚的财物帮助王衍办丧事。这些钱财后来都被亲戚旧识以各种名义借去，也未偿还。这使得王衍在数年之中家资散尽，只能在洛阳城西的田园中居住。一个不善经营的丈夫，遇到了一个聚敛无厌的悍妻，两个人经常因为金钱产生矛盾。为了表示对妻子郭氏贪婪的憎恶，王衍在言谈说话之间从不提及“钱”字。郭氏为了让丈夫难堪，便趁他熟睡之际，故意让婢女用钱绕满王衍的床，妄图逼迫他说出“钱”字。王衍醒后看到床的周围撒满了铜钱，便急忙对周围的婢女说：“快点把这些阿堵物都拿走!”以阿堵物作为钱字的代称，读之令人忍俊不禁。郭氏之贪鄙，王衍之无奈，显露无遗，“阿堵物”一词也随之演变成为后人对金钱的代称。

（三）一文不取持清俭

南朝刘宋时期，王弘、王昙首兄弟都以清俭知名，王弘在父亲王珣病逝后，不再收取其生前的债券，并一焚俱毁不予追究；王昙首年幼时兄弟们分割财产，昙首只取图书，一文不取。成人之后，昙首更是手不执金玉，家中的女性也不以金玉为饰物，除了皇帝御赐及俸禄所得之外，分文不受于他人。其族弟王琨亦是一位为官清廉、生活简朴的官员。他平时生活非常节俭，每次宴请宾客最多只准备两盅酒，还一直告诫客人“此酒难遇”。他的节俭甚至到了悭吝的地步，家中的盐、豆、姜、蒜之类琐碎的生活用品，他都要亲自执取方能使用，一点也不舍得浪费。

孝建年间（454—456），王琨出为持节，都督广交二州军事，任建威将军、平越将军、平越中郎将、广州刺史等职。广州依山傍海，土地肥沃，凡在广州做官的人，都能够获得巨大的财富，世上流传着“广州刺史只要从城门过一下，就能得到三千万钱”的俗语。但是王琨在担任广州刺史期间，不仅没有纳取一点不义之财，还主动上表把自己一半的俸禄捐献给国家。等到任满回京之后，孝武帝刘骏知道王琨是一位清官，便直接问他从广州回来时得了多少还资？还资：泛指官员届满离任，任所官衙为其提供途中使用的兵户、船马及其俸禄和家资等。王琨如实回答道：“除了买房子花费了一百三十万钱之外，其余的和实际应得的差不多。”孝武帝听了很高兴，便加封他为给事中，转宁朔将军长史、历阳内史。后来又因为王琨忠厚老实，又迁为自己最心爱的儿子新安王东中郎长史，加辅国将军，迁右卫将军，度支尚书，不久又转出为永嘉王左军、始安王征虏二府长史，加辅国将军、广陵太守，期间王琨所辅佐的都是孝武帝的皇子。明帝泰始元年（465），又被迁为支尚书，后晋升为光禄大夫。

王琨虽然在仕途上节节高升，但依旧保持自己节俭谨慎的生活态度，对于部分官员的奢侈腐化行为，他也用自己独特的方式表示反对。大明年间（457—464），担任尚书仆射的颜师伯为人骄奢淫恣，为了方便取乐，他专门在下省设置了女乐机构，专门培养能歌善舞的女子侍宴享乐。这时王琨恰好担任度支尚书（掌管全国财赋的统计与支调）一职，颜师伯便多次邀请王琨前去听音乐。王琨碍于情面，也不得不前去应酬。在颜师伯府上听乐、宴饮时传酒上菜的都是歌伎，王琨以男女授受不亲的原因，每次在斟酒上菜时都要让歌伎先把酒菜放在床榻上，自己先回头避开，等歌伎走后才转头取用，用完之后再以此种方式传递酒菜。古板的形式让参加宴饮的官员们都抚手嘲笑他，但王琨则神色自若。自此以后，颜师伯再次设宴邀请王琨时，他干脆去都不去了。

（四）为官简素爱清廉

王弘之子王僧达文采斐然，其兄王锡自林海郡去职归还时，故吏所送的资用及俸禄有百万余钱，僧达全部让奴仆婢女用车子带走，自己一点都不取用。僧达侄子王俭生性喜欢素简，少有嗜好。每天都以治理国家为务，车马衣饰简陋朴素，家中也没有多余的财产。王弘从孙王瞻，出为晋陵太守时俭约朴素，轻财洁己，甚至连自己的妻子儿女都吃不饱、穿不暖。琅玡王氏第八代士子而下，以俭素著称的有王逡之、王延之及王劢等人。王逡之为王彪之曾孙、王環之子、王准之从弟，历仕著作郎、国子博士、太中、光禄大夫等职，他生活质朴，穿衣从不讲究，家中使用的桌椅也非常陈旧。

王延之（421—484），王裕之孙，王昇之子。他年少时不善与人交际，屡次被朝廷征辟不就。宋明帝刘彧在位时任长史，加宣威将军。司徒建安王刘休仁征伐赭圻时，转为左长史，加宁朔将军。王延之生活清贫，连居住的屋子都漏雨。名士褚渊曾到他家去拜访，见到延之家中如此简陋破旧，便把这事告诉了明帝，明帝当即下令由朝廷出资建造三间斋屋供王延之居住。王延之生活清贫，居家简单朴素，为官又以不扰百姓为要。任吴郡太守期满后，他个人的家产没有任何增加；任江州刺史时，除了朝廷发放的俸禄之外，更是一无所纳。他为人清静寡欲，平时很少参加官场的应酬宴饮，大多都独处斋室之中，吏民很少得见。虽然家庭清贫，王延之家教却非常严格，他从不随意面见家中子弟，即使是节日问候，也都有固定的时间。其子王伦之也保存了父亲的作风。萧子显在《南齐书》中以“延之居简，名峻王臣”品评他，认为王延之是居官简素，是南朝有名的严官王臣。

梁陈时期（506—572）的王劢字公济，为政恬静清简，为官以便利安民为务，从不因为个人的利益与欲望改变为政举措。梁武帝时任河东王为广州刺史，王劢为冠军河东王长史、南海太守。河东王到了岭南之后，随意掠夺百姓财产，后因惧怕朝廷处分报病称疾，找了个借口返回朝廷。留下王劢履行广州府事，由于南方地理饶沃，之前在这里做官的人都以贪赃为惯例，只有王劢一人以清白著称于世。

（五）家无余财王恭懿

王肃（464—501）字恭懿，父亲王奂为南朝齐雍州刺史。王肃年少聪明有博辩，读书涉猎经史，曾任齐秘书丞。王肃志向远大，但命运多舛。其父王奂为雍州刺史时与宁蛮长史刘兴祖不合，不顾朝廷诏令，强杀刘兴祖以掩已过。事后在南齐政府的追查下，王奂不仅拒不认罪，又与长子王彪公然对抗朝廷，最后被齐武帝萧赜所杀，其子王彪、王弼、王爽等也未能幸免，王肃也因此被牵连，于太和十七年（493）逃亡北魏。

到北魏后，王肃便以其高超的文化修养深受北魏孝文帝的重用，孝文帝曾亲自书写诏书向王肃表示自己对他的尊崇之意：“不见君子，中心如醉。一日三岁，我劳如何。”一天不见王肃，孝文帝心中便非常思念，感觉度日如年一般。在孝文帝的提携下，王肃很快被授予辅国、大将军长史等职，不久又受命统帅三军至义阳讨伐南齐。初次出征的王肃不辱使命，很快就打败了裴叔业所带领的南齐军队，凯旋回师后又被晋封为镇南将军，加都督四州军事，封爵汝阳县子。孝武帝崩后，宣武帝拓跋元恪继位，王肃与咸阳王禧同为宰辅，辅佐君政。后任城王澄对王肃屡加发难，诬其谋反，不久王肃洗脱冤屈，并尚陈留长公主。此后他又带兵在合肥大破萧懿军队，并因此进位开府，仪同三司，封昌国县开国侯，食邑八百户，又加为散骑常侍、都督淮南诸军事、扬州刺史、持节。王肃在北魏深受孝文帝、孝武帝的重用，官运亨通，但他为官清静，乐善好施，虽经常在边关打仗，但对所有人都竭力安抚，远近四方之士都愿意与他相交。王肃平时生活简单节约，不喜爱声色犬马之事，而且自始至终保持廉俭节约的生活作风，即使做了大官，家中也没有什么多余的财产。

（六）和气清廉代代传

除了恪守人臣之责、仁爱治民之外，王氏家族还以为人处事和气谨慎作为世代相传的家风。早在西汉时，先祖王吉为人处事就以和气为原则。王吉年少曾在长安求学，当时他东面邻居的家中种了一棵枣树，其中有一部分树枝和果实越过院墙蔓延到了王吉的庭院之中。有一次，王吉的妻子把长在自己庭院中的枣子摘下给王吉吃。王吉知道后，便把妻子遣回娘家。东面的邻居听说王吉因此休妻，便要砍去枣树。周围的邻居们知道这件事情后，都一起阻止他，固请王吉让妻子回家。这个故事在当时被传为佳话，现在还有“东家有树，王阳妇去；东家枣完，去妇复还”这样的谚语流传。

王氏子弟，无论个人政治地位的高低，大都能与周围的人保持一种和谐的关系，这种家风为个人乃至整个家族都赢得了较高的社会声誉。以王导为例，东晋开国皇帝司马睿登基之时，再三邀请王导与自己共坐龙椅，这在中国历史上是绝无仅有的。加之，王导历仕东晋三位皇帝，也是政权得以稳定的国之柱石。但是王导本人性格缜密，做事善于斟酌，善于忍让，从不自夸自大，公私内外都处置得非常得当。

至南朝王弘、王昙首兄弟，更是将这种和气谨慎的家风发扬到极致。王昙首脸上从不显示任何喜怒哀乐，闺门之中雍雍怡怡。王弘之玄孙王冲，善与人交际，并因此闻名。王冲第十二子王瑒居家笃睦，每年都要馈赠亲戚，还多次敦促族兄弟们遵守规训。王昙首子王僧虔门风宽恕，诸子中除了王慈事孝之外，王志也为人宽恕敦厚，从不因为别人的罪过而惩罚咎劾他人。王志（460—513），历宋、齐、梁三朝，尚宋孝武帝女安固公主，拜驸马都尉。在宋时为太尉行参军、太子舍人、武陵王文学、宁朔将军、东阳太守，入齐后为吏部尚书、右卫将军，仕梁时为前军将军、冠军将军、丹阳尹等职。王志为官清廉，去除一些烦苛政务。萧梁时在京城有一个无子的寡妇，家里非常贫苦。小姑子亡故后，她又四处借钱安葬，之后却无钱偿还，王志体恤此妇的节义，便用自己的俸禄替她偿还债务。遇到饥荒时，王志每天早上都在郡门前施粥，老百姓对他都是赞不绝口。生活中王志也十分宽和，门下的宾客曾盗卖王志家的车幔，王志虽然知道盗贼是谁，但并没有问罪，还像以前那样对待这个门客。只要做过自己幕僚或门客的士人，王志特地掩饰他们的不足之处而褒扬其优点。琅玡王氏子弟性格的笃实谦和，行为的掩恶扬善，使得世人把他们尊为长者。

琅玡王氏家族为官清廉、为人简约，并不意味着他们安贫固守。在生活中，他们很早就接受了取财有道的思想。战国时期著名的思想家韩非子在《显学》一文中有“侈而惰者贫，而力而俭者富”之语，认为奢侈懒惰的人会贫穷，而勤奋节俭的人就会变得富裕。以此标准衡量，琅玡王氏家族无疑当属后者。中国古代悠久的农业文明造就了传统的重农抑商的观念，但起源于琅玡古地的王氏家族，北倚泰山，东濒黄海。面海背山的特殊地理位置，使古代齐鲁文化在琅玡地区巧妙而又独特地结合起来。战国时齐国重工商而得富国的历史，让一些琅玡王氏家族成员接受了通过经商致富的思想。古人轻商，认为经商是舍本逐末，经商之道有亏于个人道德完善，又易引起奢靡之风，这一传统观念似乎对琅玡王氏家族影响甚微。早在西汉，王氏先祖王吉就有“古者工不造雕瑑，商不通侈靡，非工商之独贤，政教使之然也”之论，认为在上古之时，工匠不制作花纹，商人也不精通涉密，并非因为工商者特别贤良，而是因为当时的政教使然。说明早在西汉时期王吉就对传统重农抑商的观念提出了自己的质疑，他并不赞同古人所谓的从商易于引起奢侈之风的观点，而是跳出窠臼，从整个社会政治教化的角度提出国家可以纠正“商通侈靡”的风气，表现了与传统士人轻视、摒弃商业完全不同的观念。

正始琅玡王氏家族士人王戎并不爱财，父亲亡故时，拒辞不受其故吏所赠送的百万钱资，他却深谙经营之道。根据史书记载，王戎主要从事房地产和水果交易。王戎四处收购田园水碓，水碓就是利用水力舂米的器械。其庄园遍布全国各地。家中积聚的财富多得没有限度，每次王戎都自己拿着象牙制的计数吏筹日夜算计，还无法算清。除了在全国各地购置房产田地之外，王戎家中还种有数株李树。这些李树结出的果实特别甘甜，李子成熟后，王戎就把这些果实拿到市集上出售，因为担心别人得到果核以后影响自己的销量，于是每次在出售之前，王戎都要把果核钻出来。王戎的做法固然过于钻营，但也说明了他在商品交易过程中的敏感与远见。除了王戎之外，王导、王珣、王鉴也以善于经营著称。东晋名相王导为官廉洁，生活简朴，从不铺张浪费，却十分善于处理不同的事情，虽然每天的收入并不多，但一年下来还会有些积累。当时朝廷内库空虚，国库之中仅存有数千匹廉价的练。练是古代一种像苎布的稀疏的织物，贵族们都不喜欢，老百姓又买不起，故而屡次出售却无人愿意购买。王导对国库练布堆积，而国家的财政供不应求的窘况非常担心，最后在他的带领下，朝廷诸贤一起都穿用练布做成的单衣，士人们看到平时敬仰的贤者都穿这种衣物，便争相模仿，一时间练的价格暴涨，最后涨到每匹一两黄金，国库中囤积的练也以高价一售而空。王导借一己之名望，帮助国家渡过了财政危机。

自西汉王吉至梁陈时期的王劢，琅玡王氏家族绝大部分为官士子都恪守廉俭家风，为官以廉，做人以俭，廉洁以奉公，俭朴以修身。但君子爱财，取之有道，琅玡王氏中部分士人又能够较为灵活地通过经商获得财富，不仅增加了个人的资产，甚至还帮助整个国家渡过财政危机。

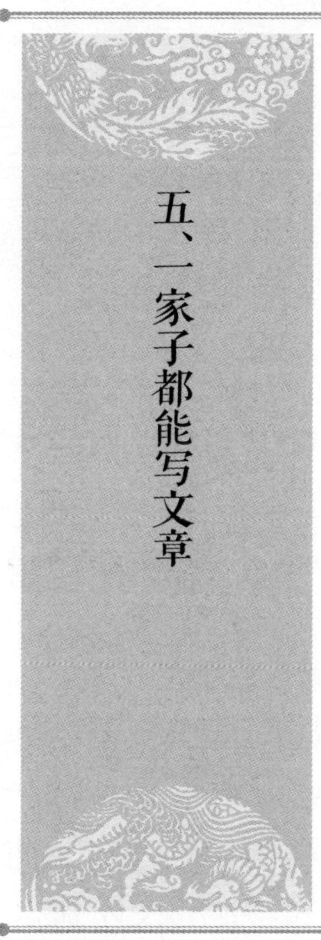

五、一家子都能写文章

琅玡王氏子弟不仅博览经史，而且兼通书法、绘画、音乐等多项艺术，如王恬多技艺，王廙善属文，工书画，善音乐、射御、博弈、杂伎等，王瞻善棋射等，在魏晋南北朝艺术发展史上有着重要的作用和贡献。世代书香、文以养气的家风与良好的家族教育是琅玡王氏子弟在艺术上取得成就的重要保障，家族成员在文学艺术上的巨大成就，也成为琅玡王氏家族文化优势的重要标志。除了书法艺术之外，琅玡王氏家族文学之盛在当时也是首屈一指，文学修养是每个家族子弟必备的素养之一。根据各类史传经籍志、艺文志中的著录，从晋王廙至后周王褒，琅玡王氏家族文人文集数量都是非常瞩目的，鉴于魏晋南北朝古籍整理的缺失以及文献流传过程中的大量散佚的客观现实，除了以上所著录的琅玡王氏家族文人及其文集之外，可能还有许多琅玡王氏文人的文学创作没有得以流传下来，如魏晋时期的王祥、王览、王戎、王衍等，《隋书·经籍志》、《旧唐书·经籍志》、《新唐书·艺文志》以及补编中均无著录。但根据本传所记录其章表书记，他们妙谈经史，字字珠玑，亦可想见其文学功底之深厚。另有史传中载有文集传世而未见著录者，如王规，《南史》、《梁书》载其有文集二十卷；王籍本传载其“有文集传世”，但王规、王籍的文集在隋志以及两唐志均无著录，应在隋前就已散佚。所以到了南梁时，王筠才能够自信地说：“史传称安平崔氏及汝南应氏，并累世有文才，所以范蔚宗云崔氏‘世擅雕龙’，然不过父子两三世耳；非有七叶之中，名德重光，爵位相继，人人有集，如吾门世者也。”世擅雕龙的安平崔氏与汝南应氏都不过只有父子两三世而已，只有自己所在的琅玡王氏家族才做到七代之中人人有集。齐梁文坛盟主沈约在《训子》中对于琅玡王氏家族文学也给予了非常高的评价，“吾少好百家之言，身为四代之史。自开辟以来，未有爵位蝉联，文才相继，如王氏之盛也”，以为自开辟以来，从来没有一个家族能像琅玡王氏那样爵位蝉联，文才相继。

除隋志、两唐志以及补编中所著录琅玡王氏家族成员的文集外，史传中还有许多有关琅玡王氏家族子弟文学才能的记载。《晋书》载王珣为桓温掾时，深受桓温敬重，认为“王掾当作黑头公”，后王珣为桓温主簿，掌文书，参机要。后又以才学深受晋孝武帝司马曜恩宠；王廙“少能属文”，献《中兴赋》；王羲之编录《兰亭诗集》；王僧达“少好学，善属文”；王诞“少有才藻”；王准之“赡于文辞”；王微“少好学，无不通览，善属文”；王融“博涉有文才”；王籍好学有才气，以至“时人咸谓康乐之有王籍，如仲尼之有丘明，老聃之有严周”；宋武帝刘裕至彭城，曾“大会戏马台，赋诗，昙首文先成”；王筠“七岁能属文，年十六，为《芍药赋》，其辞甚美”；王寂“好文章”；《北史》卷 42 王诵“学涉有文采”，王孝康“颇有文采”，王翊“好学有文采”；王褒“七岁能属文”等，琅玡王氏士人良好的文学修养成为其家族文学繁盛的重要保障。琅玡王氏家族文学创作的兴盛，不仅符合魏晋南北朝文学独立自觉潮流的趋势，也有维护本家族社会地位和名望的需要。

（一）兰亭一聚千古传

兰亭唱和指永和九年（353）由王羲之发起的一次文人雅集。此次集会以三月三日上巳之日修禊以拔除不祥为由，聚集当时名士达四十二人于会稽山阴之兰亭欣赏山水，饮酒赋诗。刘孝标《世说新语》注引王羲之《临河叙》为："永和九年，岁在癸丑，暮春之初，会于会稽山阴之兰亭，修禊事也。群贤毕至，少长咸集。此地有崇山峻岭，茂林修竹。又有清流激湍，映带左右。引以为流觞曲水，列坐其次。是日也，天朗气清，惠风和畅，娱目骋怀，信可乐也。虽无丝竹管弦之盛，一觞一咏，亦足以畅叙幽情矣。故列序时人，录其所述。右将军司马太原孙丞公等二十六人，赋诗如左，前余姚令会稽谢胜等十五人，不能赋诗，罚酒各三斗。"描述了此次聚会的盛况，其中王羲之、孙绰、谢安等 11 人各作四言、五言《兰亭诗》一首，郗昙等 15 人各成诗一首，谢瑰、卞迪、王献之、羊模、孔炽等 16 人作诗不成，罚酒三巨觥。王羲之于"微醉之中，振笔直遂"，写下了流芳千古的《兰亭序》。兰亭雅集对后世影响极为深远，不仅对中国文人生活情趣有重大影响，对于文学史上诗歌流派的形成也有推动作用。

在兰亭唱和中，王羲之作有《兰亭序》与《兰亭诗》二首。《兰亭序》在中国文学史以及书学史上都享有盛誉，也是兰亭雅集得以千古流芳的重要原因之一，全文如下：

永和九年，岁在癸丑，暮春之初，会于会稽山阴之兰亭，修禊事也。群贤毕至，少长咸集。此地有崇山峻岭，茂林修竹；又有清流激湍，映带左右，引以为流觞曲水，列坐其次。虽无丝竹管弦之盛，一觞一咏，亦足以畅叙幽情。是日也，天朗气清，惠风和畅。仰观宇宙之大，俯察品类之盛。所以游目骋怀，足以极视听之娱，信可乐也。

夫人之相与，俯仰一世，或取诸怀抱，悟言一室之内；或因寄所托，放浪形骸之外。虽趣舍万殊，静躁不同，当其欣于所遇，暂得于己，快然自足，曾不知老之将至；及其所之既倦，情随事迁，感慨系之矣。向之所欣，俯仰之间，已为陈迹，犹不能不以之兴怀。况修短随化，终期于尽。古人云："死生亦大矣。"岂不痛哉！每览昔人兴感之由，若合一契，未尝不临文嗟悼，不能喻之于怀。固知一死生为虚诞，齐彭殇为妄作。后之视今，亦犹今之视昔。悲夫！故列叙时人，录其所述，虽世殊事异，所以兴怀，其致一也。后之览者，亦将有感于斯文。

前半部分主要记叙兰亭雅集的盛况、周围山水之美以及聚会的欢乐之情，后半部分抒发作者好景易逝、生死无常的感慨。钱钟书《管锥篇》论"王羲之之文，真率萧闲，不事琢磨，寥寥短篇，词意重沓"，盛赞羲之此文用自然率真、简

兰亭（绍兴）

单明快的语言将兰亭雅集的盛况描述出来，又不失意蕴。除了《兰亭序》外，王羲之还有《兰亭诗》二首，一为四言，一为五言。其五言《兰亭诗》共五章：

悠悠大象运，轮转无停际。陶化非吾因，去来非吾制。宗统竟安在，即顺理自泰。有心未能悟，适足缠利害。未若任所遇，逍遥良辰会。

三春启群品，寄畅在所因。仰望碧天际，俯磐绿水滨。寥朗无厓观，寓目理自陈。大矣造化功，万殊莫不均。群籁虽参差，适我无非新。

猗与二三子，莫匪齐所托。造真探玄根，涉世若过客。前识非所期，虚室是我宅。远想千载外，何必谢曩昔。相与无相与，形骸自脱落。

鉴明去尘垢，止则鄙吝生。体之固未易，三觞解天刑。方寸无停主，矜伐将自平。虽无丝与竹，玄泉有清声。虽无啸与歌，咏言有余馨。取乐在一朝，寄之齐千龄。

合散固其常，修短定无始。造新不暂停，一往不再起。于今为神奇，信宿同尘滓。谁能无此慨，散之在推理。言立同不朽，河清非所俟。

《兰亭序》真迹

在这些诗中有大量阐述玄理的诗句，如“悠悠大象运，轮转无停际”、“相与无相与，形骸自脱落”、“造真探玄根，涉世若过客”、“取乐在一朝，寄之齐千龄”、“合散固其常，修短定无始”等。就诗歌的文学价值而言，这些讨论玄理的兰亭诗作的艺术成就并不高，但是通过兰亭诗中所描写的自然山水以及欣赏山水过程中所体现出的恬淡澄澈的审美方式，如王羲之四言“欣此暮春，和气载柔。咏彼舞雩，异世同流”、五言“仰望碧天际，俯磐绿水滨”；王玄之“松竹挺严崖，幽涧激清流。消散肆情志，酣畅豁滞忧”；王凝之“烟熅柔风扇，熙怡和气淳。驾言兴时游，逍遥映通津”；王肃之“吟咏曲水濑，渌波转素鳞”；王徽之“散怀山水，萧然忘羁。秀薄粲颖，疏松笼崖。游羽扇霄，鳞跃清池”等，对中国文人情趣影响甚深。将山水引入诗歌，昭示了中国山水诗的兴起，反映东晋文人普遍追求的生活风尚。兰亭雅集对中国文人生活情趣有着重大影响，同时对诗歌流派的形成也有推动作用，这种新的山水审美意识的兴起，既是东晋偏安时期文士闲适心态的反映，也体现了文人创作个性的逐渐增强。

（二）桃叶临渡新曲制

永嘉南渡后，中原士人纷纷南下。在江南秀美的环境中，面对国破家亡的社会现实，士人们模山范水、畅谈玄理的同时，更加重视人生的精神娱乐享受。绘画、书法、音乐等成为士族中流行的爱好。传统汉乐府的典雅板滞，已经无法适应东晋文人的需要，而江南民歌以其活泼的曲调、大胆的唱词备受文人追捧。深受此时乐府诗歌新变的影响，琅琊王氏家族的文人也不断地创制新曲。如王献之写给爱妾桃叶的诗。因为秦淮河水深浪急，所以每次桃叶渡江时，王献之都非常担心，都要亲自到渡口相送，还专门写下了《桃叶歌》。这阙歌诗现存三首，俱为五言四句，原诗如下：

桃叶复桃叶，渡江不用楫。但渡无所苦，我自迎接汝。

桃叶复桃叶，桃叶连桃根。相怜两乐事，独使我殷勤。

桃叶映红花，无风自婀娜。春花映何限，感郎独采我。

这三首诗皆以自然之“桃叶”代指献之爱妾桃叶。首篇写桃叶渡江，无须凭依舟楫，亦不须担心，因“我”会迎接渡江而来的桃叶。此诗在南朝时仍被广为传唱，秦怀古渡也因此被称为“桃叶渡”，“桃叶临渡”的故事至今已成为千古佳话。次篇借桃叶、桃根相怜两依依，以喻二人缱绻深情。最后一首以桃叶口吻写成，春日之桃叶红花，婀娜多姿，然而春花无限，不独有桃叶红花，但情郎独选择采撷之，不仅表现了献之对爱妾桃叶的爱恋，也表现了桃叶对献之的感激。除了王献之和桃叶，王珉与女婢谢芳姿之间也有这样的爱情唱和诗。

值得一提的是，桃叶、谢芳姿皆为才女，面对情郎的爱慕与关心，她们也分别有和诗流传下来。如桃叶的《答田团扇歌》第一首：“七宝画团扇，灿烂明月光。与郎却暄暑，相忆莫相忘。”文辞优美，语短情长，大胆地表述了对情郎的思念和热爱。还有《团扇歌》：“手中白团扇，净如秋团月。清风任动生，娇声任意发。”摹写团扇之状以及风吹团扇之美。王献之与桃叶之间的诗歌唱和，大胆而又真切地表现了彼此的爱慕之情。再如谢芳姿《团扇歌》：

白团扇，辛苦五流连，是郎眼所见。白团扇，憔悴非昔容，羞与郎相见。

以简洁的语言将女子想见情郎却又害羞的心理刻画得惟妙

惟肖，逯钦立更于此诗前注引："《古今乐录》曰：团扇歌者，晋中书令王珉捉白团扇，与嫂婢谢芳姿有爱，情好甚笃。嫂棰挞婢过苦，王东亭闻而止之。芳姿素善歌，嫂令歌一曲当赦之，应声歌云云。珉闻更问之：'汝歌何遗。'芳姿即改云云。"可见芳姿此诗又是即兴而作，颇有曹植七步为诗之妙。桃叶、谢芳姿一为妾一为婢，均为下层女子，却皆擅长音乐歌辞，谢芳姿甚至能在仓促之中作歌。王珉、王献之在与她们的密切交往过程中，被她们所擅长的江南民歌所吸引，进行制曲作辞。他们的尝试将江南民歌清新自然、大胆奔放的风格引入乐府古辞，一改汉魏乐府的古板雅正，不仅为乐府诗的进一步发展提供了契机，也促进了中国诗歌雅俗合流的进程。

琅玡王氏对于乐府诗歌的贡献，不仅仅在于学习南方民歌，自制新曲新辞，还在于利用本家族的文化优势，恢复南渡之后几近湮灭的郊庙歌辞，最具代表性的便是王珣。《晋书》载：

太元中，破苻坚，获其乐工杨蜀等。闲习旧乐，于是四厢金石始备。(晋孝武帝) 使曹毗、王珣等增造宗庙歌诗。

永嘉乱后，原有的礼乐伶官皆在战乱之中遗失。东晋建立之后，虽立宗庙，却并无伶人雅乐，经过晋明帝、成帝的努力，虽复置太乐官，但仍无法恢复传统雅乐。之后，晋孝武帝太元年间虏获乐工杨蜀，始备四厢金石，王珣等根据古乐制作宗庙歌诗。逯钦立《晋诗》卷十九录王珣《歌太宗简文皇帝》、《歌烈宗孝武皇帝》、《四时祠祀歌》三首。前两首为祭祖颂歌，后一首为谦飨歌辞。无论是吴声歌曲、郊庙歌辞，还是王廞所制和乐的郊庙歌诗，不仅展示了琅琊王氏文人对前朝郊庙歌辞的熟悉，也表现了他们对民间文学的学习和吸收。

（三）近体先导王元长

由古体诗发展到近体诗，是古典诗歌在形式上的重要变革。与汉魏古体诗相比，近体诗在诗歌句式、平仄、押韵、对仗等方面都有较为严格的规定。但是由古体到近体的转变并不是一蹴而就的，其中间阶段就是“永明体”，生活在宋齐之际的琅琊王氏士子王融在永明体的创立过程中起到了首倡与引领的作用。

王融生于宋明帝泰始三年（467），卒于齐永明十一年

(493)，主要仕于齐武帝萧赜年间，年少时因父宦不通，以绍兴家业为己任。入仕后积极主张伐魏，希望收复北方失地，后因卷入南齐宫廷内部争权斗争，被郁林王萧昭业所杀，年仅27岁。在这短短的27年间，王融留下了大量的诗作，25岁就以《三月三日曲水诗序》名震南北两地。逯钦立辑录的《先秦汉魏晋南北朝诗》共收录南齐诗歌300余首，其中王融诗歌76首，约占全齐诗总数的26%。清王士祯在评价南齐诗歌时曾说："齐有玄晖，独步一代，元长辅之。自兹以外，未见其人。"并在《师友录传序》中将谢朓与王融并称为萧齐"一代文宗"。

与前代诗歌相比较，"永明体"最大的特点就是尽量在诗歌中讲究音律的协调和对偶的工整，这些在王融诗歌创作中都有体现。王融的诗歌创作无论在句式、声律运用、押韵、对仗等方面都有和近体诗十分接近的特征。其中有些句子如"春尽风飒飒，兰凋木修修"、"朱骐步踯躅，玄鹤舞蹉跎"，不仅对仗工整，而且连用数对。尤为值得提出的是，王融诗中的对偶已经有了声律方面的要求，如"丝中传意绪，花里寄春情"、"冰容惭远鉴，水质谢明晖"，既要对仗工巧，又须适应声律要求，这与唐人律诗重声律和对偶的要求是基本一致的。再结合《高僧传》、《续高僧传》多次记述他与知音沙门的交往情况，以及钟嵘在《诗品·序》中所载的"王元长创其首，沈约、谢朓扬其波”语，还有其因为声律上的心得而欲作《知音论》等，都说明王融在音韵学上的修养是相当精湛的。故而他能够将自己的这一套声律理论运用在诗歌创作的实践中。尽管王融的诗歌创作与唐代的近体诗相比较仍存在一定的差距，但正是从这些与前代诗歌相比较的进步和与近体诗的差距，才恰恰说明了王融诗歌创作在我国诗歌由古体诗到近体诗过渡过程中所起到的桥梁作用。王融的诗歌创作的这一风尚是通过以下三种诗歌创作题材体现出来的：

1. 细致传神的咏物诗

我国诗歌自产生之日起，就担负着“知风俗，正得失”的教化作用，以“诗言志”为诗歌创作的纲领。直至西晋左思的《娇女诗》，写两个小女儿的天真形象，才露出一点摹物的端倪。东晋末年的陶渊明开始大量将日常生活的情趣引进到诗歌创作中来，但仍是以抒发其固穷之志、坎廪之怀为主题。永明诗歌句式由长趋短，由于篇制的短小，所以不能讲气势。建安风骨、正始之音、太康中兴时所盛行的诗歌题材已经不再适合永明文学形式的需要，取而代之的是咏物诗作的大量兴起，诗人撷取日常生活中所见所观之物：落花春草、风蝶雨雁、蚊声萤火、细笋青苔，用细致的手法在诗中尽情描摹，不掺杂作者的主观感情，就文学自身发展的角度看，这种内容上的转变正是对以往“兴观群怨”的诗歌内容的突破，充分实现了诗歌创作的美学风尚。

王融作为永明时期的代表作家之一，在这一风尚的熏陶下，创作了一定数量的咏物诗，现存王融的咏物诗共有 7 首，分别是：《咏幔》、《咏火》、《咏池上梨花》、《琵琶》、《咏梧桐》、《咏女蔓》和《四色咏》，这些诗歌多是用细致的笔调对所咏之物进行描摹，如《四色咏》：

赤如城霞起，青如松雾澈，黑如幽都云，白如瑶池雪。

分别用四种不同的景物形容“赤”、“青”、“黑”、“白”四种不同的颜色。另有《咏池上梨花》：

翻阶没细草，集水间疏萍。芳春照流雪，深溪映繁星。

用陆地之翻阶细草、集水疏萍，天空之芳春流雪、深溪繁星四种不同景物状摹梨花纷飞的形态，十分生动传神。这类咏物诗仅仅描摹所咏之物，不带任何主观色彩，颇显其博学之嫌。除此之外，王融还有一些能将咏物和抒情结合在一起咏物诗。如《咏火》：

冰容惭远鉴，水质谢明晖。是照相思夕，早望行人归。

起首两句用与“火”相反的两种物质“冰”、“水”来衬托其特质。但又不似《四色咏》、《咏池上梨花》那样流于对事物的简单状摹，而以“火”暗喻闺中思妇，用火之彻夜照明表示思妇对远游他方行人的等待。在诗中将物和意交融在一起，托意于火，借所咏之物抒情，十分难得。无论是简单的咏物，还是以物托情，都能写得精微细巧，有些篇章还十分别致，可见作者在取境、构思上的独到之处。

2. 深情绵邈的离别诗

南朝时期，士族世家对于社会统治的影响力已逐渐减弱，加之南朝四代开国之君都出身于“布衣素族”，为维护自身的权力及尊严而对高门士族竭力限制。故而王融虽出身于琅琊王氏，在仕途上的经历却并非一帆风顺。王融年少时因父亲王道琰仕宦不通，以绍兴家业为己任。虽然他 19 岁时就得以为晋安王南中郎板行参军，但不过一年便因公事免官。直至 21 岁时，才借在文学上的成就得以与沈约、谢朓诸人共游竟陵王幕府，时称“竟陵八友”。并于此年重新入仕，为竟陵王司徒板法曹参军。在职期间，王融屡次上书陈述自己对于收复北方失地的意见而不被采纳，后因支持竟陵王称帝失败而被杀。王融与“八友”中其他七人之间的感情是建立在文学、思想相近的基础之上的。加之其多舛的仕途经历以及家族的衰落，王融对友人的眷眷深情在诗中多以离别酬唱的形式表现出来。这些诗多以深厚的感情为基础，大都写得细腻绵邈、深情动人。

永明九年，萧衍出为镇西谘议，《金楼子》载：“（衍）永明九年出为镇西谘议，西上述职。”任昉、萧琛、宗夬、王融均有赠诗，王融诗云：

> 徘徊将所爱，惜别在河梁。衿袖三春冷，江山千里长。寸心无远近，边地有风霜。勉哉勤岁暮，敬矣事容光。山中殊未怿，杜若空自芳。

头两句从古诗《李少卿与苏武诗》之三中的前四句转化而来，原诗为：“携手上河梁，游子暮何之？徘徊蹊路侧，悢悢不得辞。”表示与友人的恋恋不舍之情。中间四句借景抒情，意为江山虽有千里，但寸心没有远近。后四句勉励友人，“杜若空自芳”似有感叹自身不为所重之意。同年，谢朓随萧子隆赴荆州，为随王镇西功曹，转文学。沈约、萧琛、刘绘、范云、王融、虞炎等均有赠诗。融诗如下：

所知共歌笑，谁忍别笑歌。
离轩思黄鸟，分渚蔓青莎。
翻情结远饰，洒泪与行波。
春江夜月明，还望情如何。

首两句用“共歌笑”、“别笑歌”两种截然相反的场景来形容与友人往日相交之欢情及今日离别之惆怅。中间四句借离轩之思黄鸟、分渚之蔓青莎表达对于友人远赴他乡的依依之情，但又不得不与之洒泪而别。结尾两句表明心迹：即使离别，每当春夜月明之际也会时时怀念与友人真挚的情意。

王融最为人称赞的赠别诗莫过于永明十一年所作的《别王丞僧孺》一诗，《梁书·王僧达传》：“文惠太子闻其名，召入东宫，直崇明殿。欲拟为宫僚，文惠薨，不果。时王晏子德元出为晋安郡，以僧孺补郡丞，除候官令。”王融有诗赠别，诗云：

首夏实清和，余春满郊甸。
花树杂为锦，月池皎入练。

如何于此时，别离言与面。

留杂已郁纡，行舟亦遥衍。

非君不见思，所悲思不见。

以初夏万物欣荣的局面起兴，在这美好的季节中却不得不与僧孺分别，纷飞的繁花、渐行渐远的小舟似乎都在阻止友人的离去。最后两句以悲“思不见”结尾，将对友人远赴他乡，再难见面的离别之情抒写得淋漓尽致、感人至深。

王融的离别酬唱诗，表现了他在经历过人事沧桑之后，对人生别离，特别是对朋友之间的分别之情较为深刻的体会，故而能在诗中以委婉细腻的笔触抒写与友人之间这种深刻的感情。

3. 哀婉细腻的思妇诗

自汉末五言诗以来，文人们在诗中经常通过一个妇女的不幸遭遇，无意流露或曲折表达自己的心情。永明诗人延续了这一传统，创作了大量的思妇诗。王融也不例外。现存王融的思妇诗有《有所思》、《青青河畔草》、《少年子》、《思公子》、《古意》二首、《奉和代徐诗》等，这些诗大都写得哀婉细腻，十分感人。如《古意》二首：

游禽暮知返，行人独不归。
坐销芳草气，空度明月辉。
嚬容入朝镜，思泪点春衣。
巫山彩云没，淇上绿条稀。
待君竟不至，秋雁双双飞。（其一）

霜气下孟津，秋风度函谷。
念君凄已寒，当轩卷罗縠。
纤手废裁缝，曲鬓罢膏沐。
千里不相闻，寸心郁氛氲。
况复飞萤夜，木叶乱纷纷。（其二）

两首诗都细腻地写出了闺中思妇对远方行人的思念之情，风格技巧上都有乐府诗的痕迹。其一起首两句以“游禽”知返反衬“行人”不归。思妇在无数个等待行人的长夜中，“坐销芳草气，空度明月辉。嚬容入朝镜，思泪点春衣”。但直到春去秋来，“淇上绿条溪”之时，甚至连秋雁都双双南飞，她所等待的行人还没有回来，寥寥几句就将思妇的寂寞凄苦之意表露无遗。其二首两句以秋天到来为起兴，在茫茫深秋中，思妇为等待行人已经“纤手废裁缝，曲鬓罢膏沐”，以致心气郁结。但周围的景物好似不解人心一般，秋萤夜飞，落叶纷乱，以致思妇心绪更乱。另《奉和代徐诗》：

自君之出矣，芳茑绝瑶卮。
思君如形影，寝兴未曾离。
自君之出矣，金炉香不燃。
思君如明烛，中宵空自煎。

《自君之出矣》在汉魏古诗中以流畅的语调和婉转的情致独具一格，情调近似于南朝民歌，齐梁大多数诗人都有过拟作。王融这首拟作在古乐府中又融入文人诗的格调，不仅提高了南朝乐府民歌的概括力，也为自己的创作注入了新鲜的活力。当然，王融诗作能够表现其创作特质的题材并不仅限于上举三种，还有很多奉和之作以及游宴诗，但在艺术上都不同程度地表现了清丽的特色。

王融在文学上的成就还与散文与辞赋创作密不可分。王融的散文以《上疏请给虏书》、《画汉武北伐图上疏》、《上疏乞自效》、《求自试启》、《下狱答辞》、永明九年和永明十一年《策秀才文》、《曲水诗序》等为代表，情词并茂，是王融散文中最有价值的一部分。另有一些向皇帝王公赐物致谢和阐述佛义的文章，前者如《谢武陵王赐弓启》、《谢敕赐御裘等启》、《谢竟陵王赐纳裘启》、《谢竟陵王示扇启》、《谢司徒赐紫甌启》、《谢敕赐米启》、《谢安陆王赐银钵启》；后者如《谢竟陵王示法制启》、《法门颂启》、《净柱子颂》等，以文辞精美为主要特点。

王融的散文创作首推作于永明九年的《三月三日曲水诗序》，节录如下：

云润星晖，风扬月至。江海呈象，龟龙载文。方握河沈璧，封山纪石，迈三五而不追，践八九之遥迹。功既成矣，世既贞矣，信可以优游暇豫，作乐崇德者欤。于时青鸟司开，条风发岁，粤上斯巳，惟暮之春，同律克和，树草自乐。禊饮之日在兹，风舞之情咸荡。去肃表乎时训，行庆动于天瞩。载怀平圃，乃卷芳林。芳林园者，福地奥区之凑，丹陵若水之旧。般般均乎姚泽，膴膴尚于周原。狭丰邑之未宏，陋谯居之犹褊。求中和而经处，揆景纬以裁基。飞观神行，虚檐云构。离房乍设，层楼间起。负朝阳而抗殿，跨灵沼而浮荣。镜文虹于绮疏，浸兰泉于玉砌。

此文属事用典，对仗工整而又气势充沛。张溥认为："齐世祖禊饮芳林，使王元长为《曲水诗序》，有名当世。北使钦瞩，拟于相如《封禅》。梁昭明登之《文选》，玄黄金石，斐然盈篇。即词涉比偶，而壮气不没。其琨耀一时，亦有由也。”另如《上疏请给虏书》：

于是曲从物情，伪窃章服，历年将绝，隐蔽无闻。既南向而泣者，日夜以觊；北顾而辞者，江淮相属。凶谋岁窘，浅虑无方，于是稽颡郊门，问礼求乐。若来之以文德，赐之以副书，汉家轨仪，重临畿辅，司隶传节，复入关河，无待八百之师，不期十万之众，固其提浆伫俟，挥戈原倒，三秦大同，六汉一统。

《南齐书》卷四七本传载其中书郎时，“虏使遣求书，朝议欲不与”，王融却提出通过将南方先进的礼仪教化传播到北方，以达到收复失地的目的。作于齐武帝时期的《求自试启》和《上疏乞自效》二文，前者表现自己建功立业、振兴家族的渴望，后者表现了参与北伐的愿望。王融的这类文章以说理充沛、文辞骈俪著称，充满着昂扬的热情和气势。

另如阐释经义和谢表类文章，则纯以文辞精美取胜。如“东越水羞，实罄乘时之美；南荆任土，方揖鲰鱼之最”（《谢司徒赐紫鲰启》）、“轻逾雪羽，絜并霜文，子淑赏其如规，班姬俪之明月”（《谢竟陵王示扇启》）、“鹿苑金轮，弘汲引以济俗；鹤林双树，显究竟以开氓”（《法门颂启》）等，虽然没有上类文章中充沛的气势，但也对偶工整，用典精妙。至如《净柱子颂》之类，则纯用文章阐释经义，文采匮乏。

王融辞赋现存仅《拟风赋》、《应竟陵王教梧桐赋》两篇，借物叙志，风格浏亮。如《拟风赋》：

> 奄兮日采之既移，忽兮群景之将驰。靡轻筠之碧叶，泛曾松之翠枝。总高羽而萧瑟，韵珠露之参差。此烈士之英风，长寥亮其如斯。

此赋为骚体赋，以风为描写对象，展示了烈风之萧瑟、和风之柔媚，借烈士之气概，喻风之气势，用细致的语言描绘了风的特征。又如《应竟陵王教梧桐赋》：

> 梧桐生矣，于邸岫之曾隈，仪龙门而插干，伫凤羽以抽枝，踪楚宫而留称，藉溜馆以翻声。直不绳而特秀，圆匪规而天成。同岁草以委暮，共辰物而滋荣。岂远心于自外，宁有志于孤贞。

描绘了梧桐插干、抽枝的成长过程，认为梧桐虽不笔挺却风姿特秀，虽圆而非规却浑然天成，借此咏其孤贞之志。

作为永明时期重要文学家之一，王融较早将声韵上的

"四声"理论运用到诗歌创作中，迈出了我国诗歌由自然声律到人工声律的第一步；是一位在南齐永明诗风变革的特殊时期，取得重要成就、具有重要地位和影响的诗人；是一位在从古体到近体的诗歌发展过程中，起着一种不可或缺的桥梁作用的重要诗人。

（四）心悲异乐王子渊

永嘉南渡后，北人南迁，开发并且建设了江南地区，使其迅速发展成为全国的经济、文化中心。南朝文学也以其艳丽的内容、精工的艺术技巧引领着当时文学发展的方向。此时的北方，在少数民族的铁蹄之下，原有的文化几乎消亡殆尽，《魏书·文苑列传》曾用"永嘉之后，天下分崩，夷狄交驰，文章殄灭"来形容永嘉南渡之后北方文坛的荒芜。北方文学的复兴与这些少数民族汉化的进程是相辅相成的。应该说，直到北魏孝文帝实行改革，积极提倡学习南朝文教制度，北方文坛才开始逐步复兴。但就文学发展的总体水平和质量而言，南方文学无疑占据优势地位。

诸多因素影响了南北文风的交融，比如使者往来、南人北迁、典籍交换等。其中最重要的莫过于由南入北的文人们。北方的统治者们特别留意重用南人，不惜强留。这种强硬蛮横的用人态度使得庾信、王褒两人终身滞留北方，不得返南。分裂时代造就的特殊人生，在给他们带来极大精神压力的同时，还造就了两位文学巨匠。

在琅琊王氏家族由南入北的文士中，以齐武帝年间逃亡北魏的王肃和梁江陵沦陷后被俘入北周的王褒二人最为知名，王肃不仅将南朝的礼仪制度带入北魏，对隋唐制度产生了深刻影响，而且以高超的诗艺冠绝北魏；王褒则以其卓越的文才而被滞留北方，他们的文学创作对南北文风的融合起到了积极作用。

王褒（513？—576），字子渊。东晋宰相王导之后，曾祖王俭、祖王骞、父王规。萧梁时任太子舍人，梁元帝继位后拜为侍中，后迁吏部尚书、右仆射。承圣三年（554）江陵陷落后被俘入北，又历仕西魏、北周，官至太子少保、小司空。《隋书・经籍志》、《旧唐书・经籍志》、《新唐书・艺文志》分别著录王褒集 21 卷、30 卷、20 卷，但均已散佚，现存诗歌 47 首，以边塞诗最佳；文章 25 篇，以骈文为主，大多为入北之后碑铭应制之作。

王褒最能体现南北文风融合的诗歌即为边塞诗。还在萧梁任职时期，他就创作了七言乐府《燕歌行》，尽言北地生活之苦，并引起了梁元帝等文人的唱和。《北史》本传载："褒作燕歌，妙尽塞北苦寒之言。元帝及诸文士和之，而竞为凄切。”全诗如下：

初春丽晃莺欲娇，桃花流水没河桥。
蔷薇花开百重叶，杨柳拂地数千条。
陇西将军号都护，楼兰校尉称嫖姚。
自从昔别春燕分，经年一去不相闻。
无复汉地关山月，唯有漠北蓟城云。
淮南桂中明月影，流黄机上织成文。
充国行军屡筑营，阳史讨虏陷平城。
城下风多能却阵，沙中雪浅讵停兵。
属国小妇犹年少，羽林轻骑数征行。
遥闻陌头采桑曲，犹胜边地胡笳声。
胡笳向暮使人泣，长望闺中空伫立。
桃花落地杏花舒，桐生井底寒叶疏。
试为来看上林雁，应有遥寄陇头书。

“燕歌行”为乐府平调曲名，《乐府诗集》解题为：“晋乐奏魏文帝《秋风》、《别日》二曲，言时序迁换，行役不归，妇人怨旷无所诉也。”故后人所作《燕歌行》多写边塞征戍之事。王褒此诗也写征夫思妇之事，通过“蔷薇花开百重叶，杨柳拂地数千条”秀丽的南方风景与“城下风多能却阵，沙中雪浅讵停兵”的边塞征途生活之间的鲜明对比，细致地刻画了南北风景的差异以及征夫思乡的心情。

入北之后，在前期文学修养的基础上，王褒通过诗歌描写对边塞生活的亲身体验，以及入北之后建功立业的渴望和思乡之情，内容也更富质感。如《渡河北》：

秋风吹木叶，还似洞庭波。
常山临代郡，亭障绕黄河。
心悲异方乐，肠断陇头歌。
薄暮临征马，失道北山阿。

此诗为触景伤情之作，颇有风景不殊，却有山河之异之感，“心悲异方乐，肠断陇头歌”，更深化了作者内心的思乡之情，全诗风格沉郁，境界阔大，与庾信《哀江南赋》中所表现的乡关之思有异曲同工之妙。再如《赠周处士诗》：

我行无岁月，征马屡盘桓。
崤曲三危岨，关重九折难。
犹持汉使节，尚服楚臣冠。
巢禽疑上幕，惊羽畏虚弹。

飞蓬去不已，客思渐无端。

壮志与时歇，生年随事阑。

百龄悲促命，数刻念余欢。

云生陇坻黑，桑疏蓟北寒。

鸟道无蹊径，清汉有波澜。

思君化羽翮，要我铸金丹。

通过对南方故人的倾诉，表现了王褒回归南方的无望与思乡之情，只能通过“思君化羽翮，要我铸金丹”寻求慰藉。王褒还有一些边塞诗表现了其入北之后积极乐观的精神以及建功立业的渴望。如《入塞》：

戍久风尘色，勋多意气豪。

建章楼阁迥，长安陵树高。

度冰伤马骨，经寒坠节旄。

行当见天子，无假用钱刀。

此诗描写作者面对边塞艰苦的生活环境却积极乐观的态度，“行当见天子，无假用钱刀”化用《乐府诗集·白头吟》“男儿重意气，何用钱刀为”一句，体现了作者的万丈豪情。《从军行》之“黄河流水急”则表现了对建功立业的渴望：

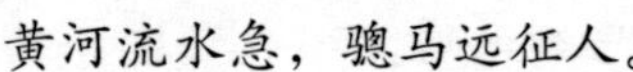

黄河流水急，骢马远征人。
谷望河阳县，桥渡小平津。
年少多游侠，结客好轻身。
代风愁枥马，胡霜宜角筋。
羽书劳警急，边鞍倦苦辛。
康居因汉使，卢龙称魏臣。
荒戍唯看柳，边城不识春。
男儿重意气，无为羞贱贫。

此诗为五言诗，描写了边塞紧急，男儿积极从征的故事。虽然军旅生活充满了“羽书劳警急，边鞍倦苦辛”、“荒戍唯看柳，边城不识春”的艰辛，但作者认为男儿无为是比贫贱更为羞耻的事情。

山水景物题材在王褒的诗歌也占有很大比例，有《玄圃浚池临泛奉和诗》、《咏雁诗》、《山池落照诗》、《咏月赠人诗》、《咏雾应诏诗》、《云居寺高顶诗》、《咏定林寺桂树》、《过藏矜道馆诗》、《和庾司水修渭桥诗》等。王褒的山水景物诗，多用明净细致的笔法刻画所咏景物，如《咏月赠人诗》：

月色当秋夜，斜晖映薄帷。
上弦如半璧，初魄似蛾眉。

渡云光忽驶，中天影更迟。

高阳怀许掾，对此益相思。

诗中所怀“许掾”为何人已不可知。作者借秋月夜景起兴，以怀人结尾，将咏物与抒情巧妙地结合在一起。王褒还有一些单纯描摹山水景物的诗歌，撷录如下：

竹馆掩荆扉，池光晦晚晖。

孤舟隐荷出，轻棹染苔归。

浴禽时侣窜，惊羽忽单飞。

——《山池落照诗》

七条开早陌，五里暗朝氛。

带楼疑海气，含盖似浮云。

方从河水上，预奉绿图文。

——《咏雾应诏诗》

这些作品以清新的语言描摹了周围的意象。如《山池落照诗》选用了竹馆、池光、晚晖、孤舟、隐荷、轻棹、浴禽等意象，细致地勾勒出了一幅落照山池十分接近的画面。又如《咏雾应诏诗》，所咏之物为难以捉摸的“雾”，作者并没有直接描写雾，而是通过对雾中景物的氤氲渺茫的描写，让读者自由想象。值得注意的是，王褒山水景物诗大都采用五言六句、四句的形式，与近体诗十分相似。除了前两类诗歌之外，王褒的游仙诗也从侧面反映了入北之后身世飘零，想要寄身世外以求解脱的思想。如《轻举篇》：

天地能长久，神仙寿不穷。
白玉东华检，方诸西岳童。
俄瞻少海北，暂别扶桑东。
俯观云似盖，低望月如弓。
看棋城邑改，辞家墟巷空。
流珠余旧灶，种杏发新业。
酒酿瀛洲玉，剑铸昆吾铜。
谁能揽六博，还当访井公。

表现了作者对神仙生活的企慕和向往。张溥在《汉魏六朝百三家集题辞注》认为："王子渊羁跡宇文，宠班朝右。及周汝南自陈来聘，赠诗致书，汉节楚冠，凄凉在念。又言览九仙，怀五岳，有飘摇遗世之感。盖外縻周爵，而情切土风，流离寄叹，亦徐孝穆之报尹义尚，庾子山之哀江南也。"指出了王褒创作游仙诗的深远意旨。

王褒在北朝居于高位，参议朝政，但对故土的恋恋之情也时时牵动诗人的心弦，“秋风吹木叶，还似洞庭波”、“锦城遥可望，回鞍念此时”、“东流仰天汉，南渡似牵牛”、“寄书参汉使，衔涕望秦城”等都表现了羁留北方的隐恨以及南归的渴望。王褒的诗歌以境界阔达、风格沉郁著称。值得注意的是，王褒前后期诗风的差别并不像庾信那样泾渭分明，尚未入北之时，王褒就曾作凄切哀怨的《燕歌行》，极言北地生活之苦。这与二人出身以及仕宦经历不同有关，王褒出身一流士族琅玡王氏，家族本位意识大于传统的君臣观念；庾信则为寒门士子，与其父并为东宫官属，为萧纲、萧绎专门提拔的寒门文人，且庾信本以使臣身份出使长安，却因江陵陷落而不得南归，其心理落差远远大于被俘入北的王褒。如果说庾信是在入北之后才将南朝高超的文学技巧带入北方，那么，王褒入北前后的文学创作都体现了当时南北文风融合的大趋势。

（五）通经明礼青箱学

汉末之后官学废弛，以致太学灰炭、石碑缺坏、博士无录等情况的出现。曹丕称帝之后虽然对官学进行了整顿，依汉代制度进行考课，重开太学，有弟子数百人。到了太和、青龙年间，内外多事，许多士子为了逃避赋役而求学。由于太学博士的粗疏，对弟子教授甚少。而且官府向社会征聘人才时又要求过高，将许多致力于求学之士排斥于仕途之外。如此到了正始年间，学业沉陨，朝堂公卿大都尸位素餐。两晋之后，玄学大昌，士人面对离乱社会对儒家经典的背离，以礼法为流俗，以纵诞为清高，祖述玄虚，不仅使宪章弛废，名教颓废，也导致了国家的覆灭。与两汉时通经的博儒相比，魏晋南朝时期社会离乱，国学荒废，导致公卿罕通经术，虽有荀颛、挚虞等建议仿效两汉，兴复经学，但并没有改变魏晋之后经学衰微的社会风气。西晋覆国，中原沦为五胡十六国的纷争之地，传统的礼仪文化也遭受重创，东晋虽恢复庠序，但收效甚微。到了南朝宋齐年间，国学开设也不能持久，以至公卿罕通经术，后生孤陋而不知明经。经学在魏晋南北朝时期总体衰微，但就琅玡王氏家族来说，却一直将其作为家学世代相传，始终遵循礼制。

作为中古文化士族的代表，琅玡王氏家族文化的核心即儒家文化，通经明理是其家族子弟的立身之本。琅玡王氏家族的经学传统可追溯至西汉时期的王吉。《汉书》载：“吉兼通五经，能为驺氏《春秋》，以《诗》、《论语》教授，好梁丘贺说《易》，令子骏受焉。骏以孝廉为郎，左曹陈咸荐骏贤父子，经明行修，宜显以厉俗。”驺氏《春秋》为《汉书·艺文志》著录，现已失传。《春秋》为礼义之大宗，王吉以能为驺氏《春秋》著称，并将其传子骏，父子皆以明经行修知名于世。虽然其后数百年间史传中琅琊王氏家族皆无记载，期间学术变化已不得而知，但根据两汉注经通经的学术风气，经学也必定是琅琊王氏家族世代相传的家学之一。纵览魏晋时期琅琊王氏人士史传，汉末王祥，西晋王戎、王衍，东晋王导、王彪之，南朝王弘、王俭等，无一不以通经著称。王祥对儒家经典的著述及其师承，史传中皆未记载。《三国志》载曹髦于甘露三年（258）下诏：“夫养老兴教，三代所以树风化，垂不朽也。必有三老、五更以崇至敬，乞言纳诲，著在惇史，然后六合承流，下观而化。宜妙简德行，以充其选。关内侯王祥，履仁秉义，雅志淳固。关内侯郑小同，温恭孝友，帅礼不忒。其以祥为三老，小同为五更。”以三老、五更掌管古代风俗教化。“小同”为郑玄之孙郑小同，学综六经，曾为高贵乡公曹髦讲授《尚书》。曹髦以王祥任三老职，以郑小同任五更职。王祥之经学修养，可从此略见一斑。

西晋一朝玄风弥漫，琅琊王氏家族王戎名列正始名士“竹林七贤”之一，王衍也以其妙绝玄谈引领一代风尚，以致被后世作为清谈误国的罪人。但其家族在经学研究上并未断绝，王览之子王琛曾担任国子祭酒，掌教导儒生，在经学上也具有相当的造诣。南渡之后，官学废弛，王导率先上书兴办庠序，恢复秩序，促进了东晋初年经学的复兴。在这篇奏文中，王导引《易经》、《周礼》、《左传》等经典中语论证建立学校的重要，如"《易》所谓'正家而天下定'者也。故圣王蒙以养正，少而教之，使化露肌骨，习以成性，迁善远罪而不自知，行成德立，然后裁之以位。虽王之世子，犹与国子齿，使知道而后贵。其取才用士，咸先本之于学。故《周礼》，卿大夫献贤能之书于王，王拜而受之，所以尊道而贵士也"，其中娴熟地运用了《易经》及《周礼》，探讨施行教化的必要性，充分表现了其对儒家经典的熟谙。甚至连他的族兄王敦，一个性格残暴、戎马一生的武将都能"学通《左氏》"，精通春秋大义。东晋时期对前朝礼仪制度了解最多的莫过于王彪之，他博学多闻，将自己所熟悉的朝廷礼仪制度以及江左旧事，全部整理编撰，放入青箱之中，形成了王氏家族独有的"青箱之学"。

南朝时期，琅玡王氏家族以儒学知名的士人更多了。王俭年方十八便注意学习"三礼"，特别擅长解读《春秋》，无论是评论国家政事还是平时言谈，都要援引儒教经典以为例证，从而引起了南齐儒学大畅的社会风气。王俭对儒家经典的学习并不墨守陈规，还不断地提出了自己的看法。在与当时名士陆澄的一封信中，王俭论述了自己对“十三经”的看法，他认为：“《易》体微远，实贯群籍，施、孟异闻，周、韩殊旨，岂可专据小王，便为该备？依旧存郑，高同来说。元凯注《传》，超迈前儒，若不列学官，其可废矣。贾氏注《经》，世所罕习，《榖梁》小书，无俟两注，存麋略范，率由旧式。凡此诸义，并同雅论。疑《孝经》非郑所注，仆以此书明百行之首，实人伦所先，《七略》、《艺文》，并陈之六艺，不与《苍颉》、《凡将》之流也。郑注虚实，前代不嫌，意谓可安，仍旧立置。”对于各家经注进行了评定，并充分肯定了郑玄对经典的解释，以《孝经》为人伦之先。

梁王筠在自序中毫不掩饰自己对经学的喜爱，他说：“幼年读五经，皆七八十遍。爱《左氏春秋》，吟讽常为口实，广略去取，凡三过立抄。余经及《周官》、《仪礼》、《国语》、《尔雅》、《山海经》、《本草》并再抄。子史诸集皆一遍。未尝倩人假手，并躬自抄录，大小百余卷。不足传之好事，盖以备遗忘而已。”他幼年时已经将五经读了七八十遍，特别喜爱《左氏春秋》一书，经常在谈话和评论中引用其中的语句。他不仅多次阅读经书，还不断地亲自抄写诸子的经籍，累计抄写了一百多卷，以备随时查阅。

作为经学世家，琅玡王氏家族人士还特别擅长礼制，并善于根据社会现实对传统的礼制进行适当的改革。王导根据东晋的社会现实，首倡公卿无爵而谥、诏百官拜陵、定司马绍太子之位等积极完善东晋朝典制度，恢复纲纪。除此之外，王导还有《请建立国史疏》、《上疏请修学校》、《议复肉刑》、《议追赠周札》、《重议周札赠谥》、《与贺循书论虞庙》、《又与贺循书问即位告庙》等文章讨论朝礼涉及谥法、虞庙、即位告庙等方面。王敦对丧礼也有一定研究，有《上言父子生离服限》一文传世。

东晋中期琅玡王氏家族精通礼学的代表人物为王彪之，他制定了大量朝礼范文，大都收录在《晋书·礼志》中，主要有《正纳皇后礼》、《纳采版文玺书》（包括《问名版文》、《纳吉版文》、《纳徵版文》、《请期版文》、《迎后版文》）、《婚礼不贺议》、《婚不举乐议》、《整市教》、《上书论皇太子纳妃用玉璧虎皮》、《上书论皇后拜讫上礼》、《上言开陵皇太后服》、《奔丧议》、《日食废朝会议》、《太后为亲属举哀议》、《驳彭城国李太妃谥议》、《省官并职议》、《帝加元服议》、《讳议》、《太后父丧废乐议》、《丧不数闰启》、《答台符问小功服成婚》、《答抚军访郊祀有赦》等。这些都是王彪之或根据自己对前朝典制的熟识所制定模式。以《纳采版文玺书》为例，《纳采版文玺书》有《问名版文》、《纳吉版文》、《纳徵版文》、《请期版文》、《迎后版文》五篇，从问名、纳吉、纳徵、请期，最后到迎后，完整地保存了皇帝成婚的过程和礼节。王彪之还根据东晋中期的社会现实，对传统的礼制进行了完善，如《省官并职议》，针对冗官的弊制进行改革，并对永和末年朝臣借家疾免于入宫的现象对旧制进行了变通。除了王导、王敦、王彪之以外，王珉《告庙议》、王谧《殷祭议》、王胡之《释奠表》、王纳之《议郊祀不得三公行事》等也是讨论礼法制度的文章。

南朝时期，随着政治角色的转变以及统治阶层的提倡，琅玡王氏家族历居高位者必在文化上有不凡造诣，正是因为王氏家族将礼制之学作为自己的家学并世代相传，故有“王太保家法”流传于世。

刘宋时期王弘、王昙首等人都显示了高超的礼学修养。王弘主要仕于刘宋初期，史载其“明敏有思致，既以民望所宗，造次必存礼法，凡动止施为，及书翰仪体，后人皆依仿之，谓为王太保家法”。王太保家法不仅包括礼法，还包括书翰仪体等书法艺术的集萃，王弘卒时“有集二十卷”，现均以不传。严可均《全上古三代魏晋南北朝文》录有《上言定丁役》、《与八座丞郎疏》、《刑法议》、《乘舆副车议》、《服章议》、《金貂议》、《公府长史朝服议》、《公府长史朝服又议》、《郊殷议》、《朝堂讳训议》、《太子迎车驾临丧议》、《国臣为太子妃服议》、《宫臣为太子妃服议》、《太子妃铭旌议》、《太子妃薨建旒议》、《太子妃灵还在道不设祭议》、《太子妃丧遇闰议》、《穆太妃小祥南郡王应不相待议》、《安陆王子妇为范贵妃服议》、《单拜录尚书优策议》、《司空未拜而薨掾属为吏敬议》、《司空解职而薨府史制服议》、《庶姓三公輀车议》、《昭皇后迁祔仪议》、《迁祔设虞议》、《谅暗议》、《嗣位郊祀议》、《日蚀废社议》、《南郊明堂异日议》、《释奠释菜议》、《皇孙南郡王冠议》、《江学不宜继逊启》、《立春在郊无烦迁日启》等。王俭的议礼文章多集中在丧礼、丧服以及礼乐刑法上，如《释奠释菜议》一文，释奠、释菜都是古代学校祭奠先师先圣的仪式。萧齐时期，释菜礼废，释奠尚行，王俭中和陆纳、车胤与范甯、范宣的意见，使皇帝自设礼乐，以弘儒教。另外，《全齐文》中还收录了王俭与时人讨论礼法制度的文章，如《答褚渊难丧遇闰议》、《答王逡之问》、《答陆澄书》、《与豫章王嶷笺》。弘弟昙首有文集两卷，也已失传，有《南台不开门启》。昙首子僧绰"好学，有理思，练悉朝典"。王韶之有集二十四卷，已失传。史载其曾制"七庙歌辞"，现存有关朝制的文章有《玺书禅位》、《禅策》、《请定不赎罪四条启》、《驳王实之请假事》。王准之更是上承彪之遗风，"兼明礼传"，另有《奏请三年之丧用郑义》、《刑法议》，其所撰《仪注》至沈约编撰《宋书》时仍被朝廷沿用。

琅玡王氏礼学最盛时期当在萧齐朝，根据《隋书·经籍志》中著录王俭、王逡之的经学尤其是礼学成就，绝不逊于当时任何礼学名家。王俭曾将何承天《礼论》三百卷抄为八帙，又别抄条目为十三卷。《隋书·经籍志》著录王俭《丧服古今集记》三卷、《丧服图》一卷、《礼记要钞》十卷、《礼答问》三卷、《礼义答问》八卷。《旧唐书·经籍志》补录王俭《春秋公羊音》二卷。现存王俭有关礼制之作有《乘舆副车议》、《服章议》、《金貂议》、《公府长史朝服议》、《又议》、《郊殷议》、《朝堂讳训议》、《太子迎车驾临丧议》、《国臣为太子妃服议》、《宫臣为太子妃服议》、《太子妃铭旌议》、《太子妃薨建旐议》、《太子妃灵还在道不设祭议》、《太子妃丧遇闰议》、《答褚渊难丧遇闰议》、《穆太妃小祥南郡王应不相待议》、《安陆王子妇为范贵妃服议》、《单拜录尚书优策议》、《司空未拜而薨掾属为吏敬议》、《司空解职而薨府史制服议》、《庶姓三公轜车议》、《昭皇后迁祔仪议》、《迁祔设虞议》、《谅暗议》、《嗣位郊祀议》、《日蚀废社议》、《南郊明堂异日议》、《释奠释菜议》、《皇孙南郡王冠议》、《江学不宜继逊启》、《谏省南豫州启》、《立春在郊无烦迁日启》，涉及朝服、铭旌、祭祀等朝礼制度。《旧唐书·经籍志》又录王逡之《丧服五代行要记》十卷，王延之《春秋旨通》十卷。《新唐书·艺文志》又补王俭《古文尚书音义》十卷。严可均录王晏《奏为文惠太子服》、《又奏》、《奏太子祔大庙礼》、

《明堂配飨议》等有关朝庙、丧服、飨祀等文。王俭、王逡之的经学成就主要集中在礼学，又以丧礼最为突出。史载："昇明末，右仆射王俭重儒术，逡之以著作郎兼尚书左丞，参定齐国仪礼。初，俭撰古今丧服集记，逡之难俭十一条。更撰世行五卷。转国子博士。国学久废，建元二年，逡之先上表立学。"王俭与王逡之在仪礼上的探讨，不仅显示二人在礼制上皆有高深的研究，还符合了南方统治阶层借其先进的文物衣冠制度，矜傲北方少数民族的心理。钱穆认为："南方礼学，除丧服外，并重朝廷一切礼乐与服仪注。此由当时南方武力不竞，民族自尊心之激发，所谓衣冠文物，亦是民族文化所寄予其象征所在，抑又为当时北方胡人急切所学不到。高欢谓：'江南萧衍老公专事衣冠礼乐，中原士大夫望之，以为正朔所在。'故南方学者重视此方面，在心理影响上，对于南北对峙局面，实有甚大作用。"以文化优势来平衡南方士人的亡国之痛，引领当时南方学者重礼守礼，王俭、王逡之所为正是这一学术趋势的体现。

琅玡王氏尤善礼制还体现在由南入北的家族子弟上，主要代表人物为王肃、王褒。王肃奔北，不仅影响了北魏礼制的变化，还对隋唐制度产生影响。王肃初到北魏，北魏孝文帝便对其极为重视，不久对王肃委以重任，除了授予辅国、大将军长史等官职外，还任命他到义阳讨伐萧齐，王肃也没有让孝文帝失望，在两军对垒之际，大破齐将裴叔业，因此进封为镇南将军，加都督四州军事，封汝阳县子。孝武帝崩后，宣武帝拓跋元恪即位，王肃与咸阳王禧同为宰辅，辅佐君政。后任城王澄对王肃屡加发难，诬其谋反，不久王肃洗脱冤屈，并尚陈留长公主。王肃卒后，其家人在北魏也颇受隆遇。宣武帝纳王肃女为夫人，王绍女也被孝明帝纳为嫔，此后奔魏的王肃家人也得到重用，直至魏孝明帝拓跋元诩时还诏为王肃建碑铭。

作为一个由南入北的贰臣，王肃之所以能够在北魏获得如此隆遇，不仅因其屡破齐将裴叔业，更为重要的是，王肃利用本家族在朝典礼仪的文化优势，深化了北魏孝文帝改革，制定并完善了北魏朝仪制度。现存王肃《奏请依旧改检》、《奏增彭城王勰邑户》，其内容都涉及改革北魏旧制。孝文帝于 471 年在冯太后的精心安排下即位，484 年开始逐步改革北魏弊制，并取得了一定的效果，但一直没能有更加深入的效果。直到王肃入北之后，孝文帝改革才得以深化，《魏书》载有："自晋氏丧乱，礼乐崩亡，孝文虽厘革制度，变更风俗，其间朴略，未能淳也。肃明练旧事，虚心受委，朝仪国典，咸自肃出。"王肃于永明十一年（493）入北魏，495 年孝文帝采取了其改革中最重要的措施：迁都洛阳，命鲜卑贵族穿汉服、说汉话、改汉姓、通汉婚、定门第、改籍贯、办学校等，学习汉族礼乐制度。王肃将南朝先进的文化制度引入北朝，不仅深化了北魏孝文帝改革，还成为隋唐制度重要渊源之一。陈寅恪的《隋唐制度渊源略论稿》认为："所谓梁礼并可概括陈代，以陈礼几全袭梁旧之故，亦即梁陈以降南朝后期之典章文物也。所谓后齐仪注即北魏孝文帝摹拟采用南朝前朝之文物制度，易言之，则为自东晋迄南齐，其所继承汉、魏、西晋之遗产，而在江左发展演变者也。陈因梁旧，史志所载甚明，当于后文论之，于此先不涉及。惟北齐仪注即南朝前期文物之蜕嬗，其关键实在王肃之北奔，其事应更考释，以阐明隋制渊源之所从出。"充分肯定了王肃在北魏孝文帝改革中的催化剂作用及其对后世制度之影响。王肃熟练南朝前期的礼仪制度，正是其家族文化熏陶的结果。王褒入北之后，曾注北周明帝宇文毓《象经》，"引据该洽"。加之其家族累世在江东为宰辅，武帝宇文邕建德年间，"凡大诏册，皆令褒具草。东宫既建，授太子少保，迁小司空，仍掌纶诰"，是见琅玡王氏家族经学传统在北朝制度创制上所发挥的重要作用。

综观中古琅玡王氏家族的经学成就，主要集中在宋、齐两朝，与其时新朝始建、寒门掌权、士族政治式微之际，王氏子弟以其家传之文化传统作为家族门第不衰之秘器有关，王太保家法、王氏青箱学皆显名于此时。具体而言，琅玡王氏家族的经学研究并非表现在对儒家经典的注疏上，而是多集中在礼乐制度尤其是丧礼服饰的承袭变通。直至隋唐时期，琅玡王氏家族成员依旧保持重礼传统，《旧唐书》载王方庆“善三礼之学”。正如钱穆在探讨魏晋南北朝时期门第产生并得以延续这一问题中指出：“门第之起源，与儒家传统有深密不可分之关系。非属因有九品中正制而才有此下之门第。门第即来自士族，血缘本于儒家，苟儒家精神一旦消失，则门第将不复存在。”学经重礼是琅玡王氏家族子弟世代相传的家学，也是其家族在中古时期得以发展延续的基础。

（六）编订谱牒立正统

中古琅玡王氏士人大都具有强烈的史学观念。史学与书学、文学一样，也是琅玡王氏家族世代相传的家学之一。在前引王氏青箱学曾提及琅玡王氏家族士子大多“熟谙江左旧事”。琅玡王氏编撰历史著作一方面是为了维护家族的需要；另一方面也有助于扭转汉末以来，史官失其常守，私家修史驳杂繁多的乱相。其中一部分学者多抄集旧史为书，体制不

经，且杂有迂怪妄诞之语。

琅玡王氏家族非常重视培养子弟的史学修养，史传中记录的善史、好史的士人比比皆是，如王僧虔“雅好文史”；王筠抄“子史诸集皆一遍”；王惠与兄弟谈论，“文史间发”；王劢“博涉书史”；王质“涉猎书史”；王固“颇涉文史”；王韶之“好史籍”；王猛“博涉经史”；王肃“涉猎经史”；王秉“涉猎书史”；王褒“博览史传”等。王廙四世孙王韶之少家贫，但“好史籍，博涉多闻”。其父伟之“少有尚志，当世诏命表奏，辄自书写泰元、隆安时事，小大悉撰录之”，在熟知前代历史的父亲王伟之影响下，王韶之自行编撰《晋安帝阳秋》，后又被擢为东晋著作郎，继续撰写安帝以后的历史。王韶之所编撰的《晋史》善于叙事，用词丰富，不因同族而加以美饰，对本族中从商的王珣、参与谋反的王廞都进行了如实的著录，史家之直笔可见也。王俭在目录学上贡献颇丰，《七志》体制上承刘歆《七略》，分图书为经籍、诸子、文翰、军事、阴阳、术艺、图谱七类，另附道、佛各一类。其中图谱和附录部分对后世目录学研究有很大帮助。王规“集《后汉》众家异同，注《续汉书》二百卷”；王秀之起家著作佐郎。王智深奉齐武帝萧赜令撰《宋纪》三十卷。王俭《国史条例议》一文，专门讨论修订国史的体制。王逡之手不释卷，撰《永明起居注》。逡之族弟珪之，也是一位史学大家，其所撰《齐职仪》五十卷详记历代官职以及服饰冠佩的制度。

把史学作为家学世代相传的琅玡王氏家族对中古史学最大的贡献在于新部门新种类的开拓上。自东汉末年开始，中国史学类目开始在先秦两汉简单分类的基础上有所扩大，到魏晋南北朝时期更为细化。与先秦两汉史传多纪传体、国别体、编年体相比，魏晋南北朝人修史分类更为细致。《隋书·经籍志》将魏晋南北朝史学著作分为13类，分别是：正史、古史、杂史、霸史、起居注、旧事、职官、仪注、刑法、杂传、地志、谱系、簿录。钱穆认为："中国史学之发达，应始东汉晚期，至魏晋南北朝而大盛，不仅上驾两汉，抑且下陵隋唐，惟宋代差堪相拟，明清亦瞠乎其后。"将魏晋南北朝史学成就置于整个中国史学史之首，琅玡王氏家族的史学贡献除了大规模地编撰修订史书之外，还在于其积极开创并编写一些新的史学种类如谱牒、舆地之学等，扩大了史学的部门与体制。

综合琅玡王氏家族各类史传以及《隋书·经籍志》、《旧唐书·经籍志》、《新唐书·艺文志》中共著录琅玡王氏史家9人，史学著作约32部581卷。分别是王韶之著《晋纪》10卷、《崇安纪》10卷、《孝子传》15卷；王逡之著《礼仪制度》13卷，《续俭百家谱》4卷、《南族谱》2卷、《百家谱拾遗》1卷、《齐梁帝谱》4卷、《梁帝谱》13卷、《三代起居注钞》15卷、《流别起居注》47卷；王珪之著《齐职仪》50卷；王智深著《宋纪》30卷、《宋书》30卷；王俭著《吊答仪》10卷、《吉书仪》2卷、《百家集谱》10卷、《今书七志》70卷、《宋元徽元年四部书目录》4卷；王弘著《书仪》10卷；王褒著《王氏江左世家传》20卷。另外，散见于《宋书》、《南齐书》、《梁书》、《陈书》、《南史》、《北史》、《二十五史补编》又有王韶之《晋安帝阳秋》、《续晋安帝阳秋》(《宋书》王韶之本传)、王逡之《永明起居注》(《南齐书》王逡之本传)、王思远《明帝建武起居注》4卷（徐崇《补南北史艺文志》)、王规集《后汉》众家异同，注《续汉书》200卷（《梁书》王规本传)。另有部分关于史学的单文留世，如王导《议复肉刑》及王弘与八座丞郎所论士人刑罪之事。其内容涉及了职官、牒谱、杂史、正史、舆地之学、起居注、古史、仪注、刑法、杂传、簿录共11类，种类繁多，著作丰富，其中又以谱学编撰最为突出。

谱牒学就是编撰家族谱系，其产生的最直接原因是为了维系家族血缘的正统性，主要功用在于划分士庶，选官举人以及士族婚姻。在以门阀政治为主的魏晋南北朝，无论是官员的选拔还是婚姻的匹配，都必须从家族的谱牒之中进行选择。而且，各个家族谱牒的编撰除了本家族进行撰写私藏之外，朝廷还任用当世博通古今的大儒，并设置郎官、令史等官员进行专门管理。一旦家族私藏的谱牒出现不严谨的地方，则用朝廷编撰的谱学进行纠正；如果朝廷编撰的谱学有不完整的地方，则从家族谱牒中进行补充。士族正是通过严格谱系来界定士庶之间的尊卑，维护本家族血统的高贵。在琅玡王氏家族的史学著作中，谱牒类通计 7 部 54 卷，是其家族史学成就中数量最多的一部分。唐柳芳《姓氏论》将南朝谱学分为两大流派：一为贾氏谱学。贾氏谱学始于东晋平阳贾弼，其子孙贾匪之、贾渊、贾执世传其学，形成了谱学世家；另一就是王氏谱学。王氏谱学虽并非专指琅玡王氏，还包括当时的东海王氏和太原王氏，王氏谱学却是由梁武帝时期的琅玡王弘首先创制并兴起的。王弘本人具有极高的谱学修养，史载他可以“日对千客，不犯一人之讳”，这说明他不仅仅对本家族谱学非常了解，还十分熟悉其他家族的谱系。南齐时期王俭、王逡之更是继承了先人在谱学上的修养，王俭有《百家集谱》10 卷，王逡之在王俭著述的基础上，有《续俭百家谱》4 卷、《南族谱》2 卷、《百家谱拾遗》1 卷、《齐梁帝谱》4 卷、《梁帝谱》13 卷，最终使王氏家族的谱学成为南朝谱学源流之一。

舆地之学是魏晋南北朝时期从正史中分出来的一门学问，《隋书 · 经籍志》史部中专列“地理书”，通计亡书共有

140 部 1434 卷，足见此一时期舆地之学的兴盛。琅琊王氏家族舆地之学主要有王羲之《游四郡记》，王韶之《南康记》、《始兴记》、《神境记》，王僧虔《吴地记》，王筠《云阳记》等，现虽均已散佚，但仍可在部分类书中保存的片段可见一斑。如王羲之《游四郡记》记："永宁县界海中有松门，西岸及屿上皆生松，故曰松门。"记录了永宁县海上松门之谓的来源。王韶之《南康记》记："宁都溪之西游一山，状如鼓，相传谓之石鼓。去县三里，壁立十余丈，赫然似朝霞初晖，异于凡石。"简单叙述石鼓山名的原因及其所处的位置与特征。《始兴记》记："冷君西北有小首山。宋元嘉元年，夏霖雨，山崩，自颠及麓，崩处有光耀，有若星辰焉。居人往观，皆是银铄，铸得银贡。"记录了小首山下雨崩坍后发现银矿。《神境记》记："荥阳郡有孤山，直长百余丈，东北有二穴，寥寥然，杳杳然，便是云霞中馆矣。"记录了荥阳郡某无名孤山的位置。王筠《云阳记》记："车箱阪下有黎园一顷，树数百株，青翠繁密，望如车盖。"记录了车箱阪下所种植的数顷森林。虽然王羲之、王韶之、王僧虔所作的这些舆地之文，当时还仅仅是作为史学的一个部门附在地方志之中，并未形成专门的地理学科。但是这些文章在记录山水树木地理位置的同时，还附带描述了此处的民间传说。其中有关南康、始兴等地的记载，已经具有地理志的一些特点。

除了舆地学、谱牒学之外，王羲之家族在编撰史学论著中也有较为突出的成就。东晋立国之初，各项制度尚未完备，也没有史官一职，王导以“曹魏史传不修，后世不传”为由，建议元帝尽快建立国史，以记载晋世先祖遗芳，当世功勋，并推举寒士干宝为著作郎。在王导的倡议下，东晋于建武元年（317）设置史官，后干宝著《晋纪》，自宣帝迄于愍帝五十三年，凡二十卷，成为后世学者了解两晋历史的重要依据。

琅玡王氏家族不仅具有孝悌、德行、廉俭的家风，还把文化素养作为家族子弟世代相袭的家教门风之一。在中古文化史上，琅玡王氏家族所取得的成就是当时任何一个家族都无法比拟的，主要表现为在艺术上。其家族在书法、绘画、音乐等方面都取得了极高的成就，其中以书法最为后世称赞，“二王”书法也当之无愧地成为数千年来中国书法艺术的最高旨归；在学术上，琅玡王氏家族经学、史学、玄学兼修并行、经学中以“三礼”的研究成果最丰；史学著作涉及门类众多，其中又以谱牒类成就最高，为南朝谱牒渊源之一；玄学使琅玡王氏家族在乱世之中得以全身，博得高名；在文学上，琅玡王氏家族文学以人人有集和世擅雕龙为特点，文体涉及刘勰在《文心雕龙》所分之骚、诗、乐府、赋、颂、赞、祝、盟、铭、箴、诔、碑、哀、吊、杂文、谐、隐、移、奏、启等，可谓诸体皆工，又与中古文学自觉与独立的进程密不可分。就个人而言，王羲之与当时名士的兰亭唱和对中国山水诗审美观照方式以及文人生活情趣的影响，王融在永明体的理论以及实践上的积极贡献，王褒的文学创作对南北文风的融合，不仅说明了琅玡王氏家族文人在不同时期对文学发展的引领作用，也体现出其世代书香、文以养气的家教门风。

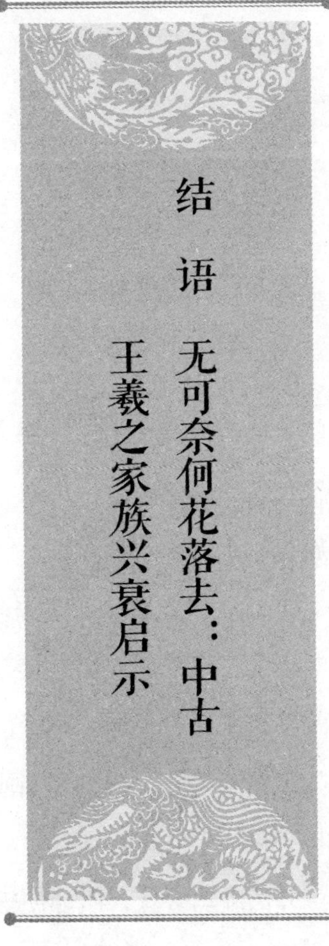

结语 无可奈何花落去：中古王羲之家族兴衰启示

六朝时期的高门士族皆为文化士族，每个家族都具有独特而又深厚的历史文化传统，这是他们得以长盛不衰的根本原因。琅玡王氏家族崛起于汉末曹魏时期，至东晋初年达到鼎盛，有“王与马，共天下”之称，王敦乱后而至南北朝，其政治影响力虽逐渐衰弱，但其家族仍然具有极高的社会地位和荣誉，这些都与其家族保有孝悌、德行、勤俭以及较高的文学修养的家教门风密不可分。钱穆在《国史大纲》指出：“一个大门第，绝非全赖于外在权势与财力，而能保泰持盈达于数百年之久，更非清虚与奢汰，所能使闺门雍睦，子弟循谨，维护此门户于不衰。当时极重家教门风，孝悌妇德，皆从两汉传来。”琅玡王氏家族在魏晋南北朝四百年间的兴衰变化正印证了这句话。

自汉末王祥至刘宋王僧虔以及以南入北的王褒，都有告诫子孙处世立身的家训。王祥临终时的《训子孙遗令》就要求族中子弟以信、德、孝、悌、让五者为立身之本。宋王僧虔有《诫子书》告诫子孙不要凭借祖荫入仕，而应读百卷书，勤学努力，建立功业。梁陈之际王褒著有《幼训》，要求子弟惜时好学，立身行道，始终如一，以儒学为主，兼修释道。王昙首"喜愠不见于色，闺门内雍雍如也。手不执金玉，妇女亦不得以为饰玩。自非禄赐，一毫不受于人"；王僧虔门风宽恕，其子王志尤惇厚，"所历不以罪咎劾人。门下客尝盗脱志车幰卖之，（王）志知而不问，待之如初。宾客游其门者，专盖其过而称其善。兄弟子侄皆笃实谦和，时人号马粪诸王为长者"；王瑒"居家笃睦，每岁时馈遗，遍及近亲，敦诱诸弟，并禀其规训"。和睦的家风是琅琊王氏家族历汉末魏晋六朝数百年门第不衰的重要原因之一。

王敦之乱后，琅琊王氏家族的衰微不仅是历史发展的必然，也与其和睦家风的丧失有着密不可分的关系。首先表现在家族子弟的猖狂无度、行为不检上。王弘从弟练，因忤犯为母居丧的建安王刘休仁被宋明帝刘彧所杀；王弘之子王锡，把自己的地位抬举得非常高，太尉江夏王刘义恭当朝时，王锡箕踞大坐，没有一点恭敬；王球侄子王履，与刘湛、刘斌、孔胤等人相勾结，结党营私，意图私举彭城王刘义康，刘湛被诛时，幸得王球之故，王履才得以免死；王准之性格严厉急躁，有失大家风范；王敬弘为天门太守时，随性恣意游山泛水，连续好久都不返回官衙，后为尚书仆射，又不省读关署文案，有一次断案时，宋文帝向他询问案中的疑点，王敬弘却稀里糊涂什么也不知道，文帝非常不高兴。王僧达为宣城太守时，也是肆意驰骋，有的时候三五天都不回来，解决民间诉讼多在其猎所中进行。有时老百姓见到王僧达还在向他询问自己的父母官在哪。王蕴被自己的叔父王景文评价为行为不检，一定会毁坏家族名声；王琨从兄华袭爵为新建侯，却因嗜酒而犯了很多错误；王晏在齐高帝夺权时，积极推奉，受齐高帝重用，却常常居功自傲，经常批评贬低齐世祖萧赜做过的事情，最终被萧鸾所杀；王晏弟王诩，因畜养歌伎而被免官；王籍为中散大夫时，自觉不得志，于是徒行市道，不择交游，后被湘东王引为安西府谘议参军，到任之后却整日饮酒，不理县事，凡是到衙门的老百姓，都用鞭子赶出去等。这些王氏子弟为官不以治事为己任，不理事务，行为放诞，为臣不能审时度势，避免君王猜忌，这些荒诞的行为直接导致了其家族的衰微。

在猖狂著称的琅玡王氏士子中，又以王僧达、王奂为代表。王僧达为王弘少子，宋孝武帝刘骏即位后，他自认为才华盖世，无人能及，一两年之中便可位至宰相。但自负才高的僧达入仕后仅为护军，于是他再三上书求任徐州。过分的要求不仅未得孝武帝许可，还招致了皇帝的反感，一年之内连迁僧达五职。此时的王僧达并没有因为皇帝对自己的不满而有所收敛，反而变本加厉，抢劫沙门法瑶，禁锢朱灵宝，意图加害族人王确等。虽然他的行为一次比一次猖狂，此时宋孝武帝为了笼络士族，并没有依法处理王僧达的罪行。面对孝武帝的放任，王僧达又欺负到了太后家人路琼之身上。路琼之为孝武帝之母路太后兄长路庆之的孙子，他与王僧达是邻居时，曾盛装去拜访僧达。去的时候正值王僧达准备出去打猎，已经换了服装，路琼之入座以后，僧达根本不怎么和他说话，还说："以前我有一个专门驾驭车马的门人叫路庆之，和你是什么关系啊？"当知道路琼之为庆之之孙后，立即命手下烧了琼之所坐的位子。路太后听说这件事后，非常生气，哭泣着对皇帝说："我还没有死，就受人如此侮辱，我死后该怎么办呢？"最后太后还愤愤地说："我发誓不和王僧达俱生。"孝武帝虽然此时仍以"琼之年少"、"无事生非"以及僧达为"贵公子孙"不宜重责为由替其辩护，但心中对于王僧达此种行径已经有了芥蒂。孝建三年（456），王僧达对自己被授予太常一职非常不满，立即上书要求辞职，因表书中多有对孝武帝不逊之处而免官，后虽被重新启用，但不久便被孝武帝借高阇谋反之名杀害。王僧达之外，南齐王奂先因一己之私违背帝旨妄杀刘兴祖，而后又与子王彪拒不认罪，公然对抗南齐政权。不仅王奂被齐武帝萧赜所杀，其子孙也大都未能幸免，幸存的子孙王肃、王秉也不得不流亡北朝。

家族成员的猖狂躁进以及行为不检，导致许多琅琊王氏子弟被杀。以南朝为例，《宋书》、《南齐书》、《梁书》、《陈书》以及《南史》记琅琊王氏子弟约80人，有44人史籍中详载了生卒年时间。这44人中卒于30岁之前有王绚、王寂、王融、王训、王微5人；卒于31岁至50岁之间有王诞、王惠、王球、王华、王昙首、王僧孺、王俭、王骞、王思远、王慈、王瞻、王暕、王泰、王锡、王佥、王规、王承、王瑜18人；51岁之后卒有王弘、王准之、王韶之、王景文、王镇之、王弘之、王琨、王僧虔、王秀之、王素、王志、王峻、王份、王筠、王冲、王通、王劢、王质、王固、王瑒21人。其中50岁前卒者占有详细生卒年人士的大半（36位生卒年不详者中，有王诩、王道琰、王碧早卒）。唐人李延寿在《南史》中这样评价王氏家族的兴亡：

昔晋初度江，王导卜其家世，郭璞云："淮流竭，王氏灭。"观夫晋氏以来，诸王冠冕不替，盖亦人伦所得，岂唯世禄之所传乎。及于陈亡之年，淮流实竭，曩

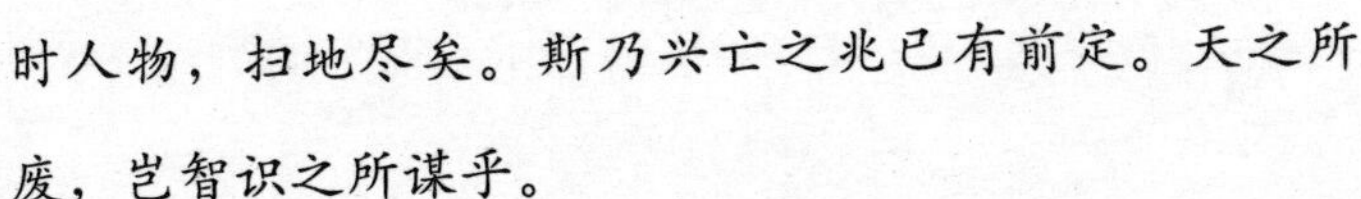

时人物，扫地尽矣。斯乃兴亡之兆已有前定。天之所废，岂智识之所谋乎。

一语道破琅琊王氏家族兴衰之由。东晋的人伦之盛是缘于并举栋梁之任，无愧文雅之风的家风；及至陈亡之年，昔日的风流人物已随风逝去，而后世子孙如王僧达、王融之辈，则言谈行止猖狂躁进，有违先祖的文雅之风，最终导致其家族的式微。

遍览中古琅琊王氏家族历史，不难发现，家族的兴旺繁荣与家族成员对孝悌、德行、勤俭、好学等家风自觉承继和恪守有着密切的关系，这也是其家族门第得以延续的内在基础。但是随着皇权回归导致的整个士族阶层政治特权的丧失，以及琅琊王氏家族子弟的行为不当，其家族逐渐衰微是不可避免的。

附录

（一）王羲之家族谱系

先秦两汉琅玡王氏家族世系

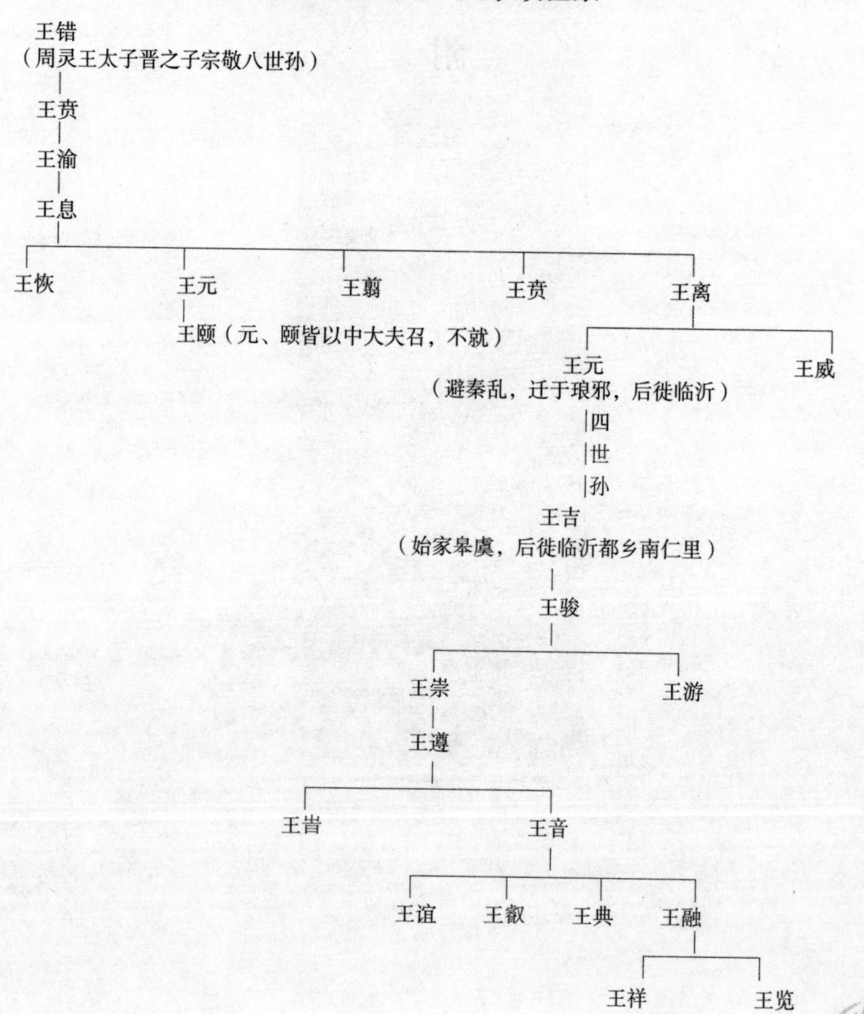

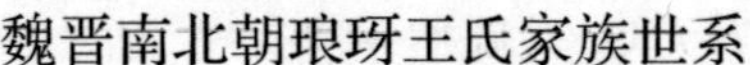

魏晋南北朝琅琊王氏家族世系

王融二子：王祥 王览；王雄一支

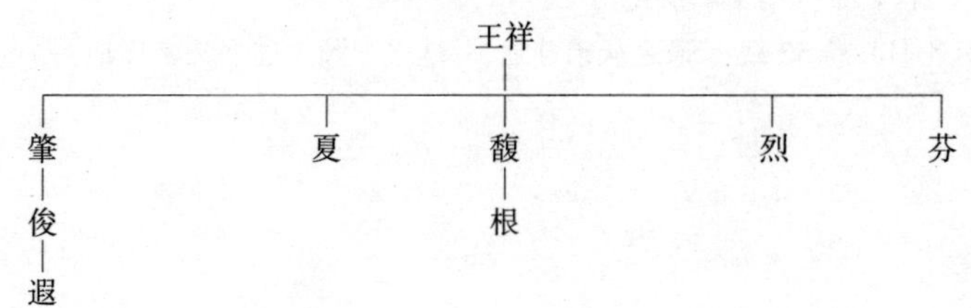

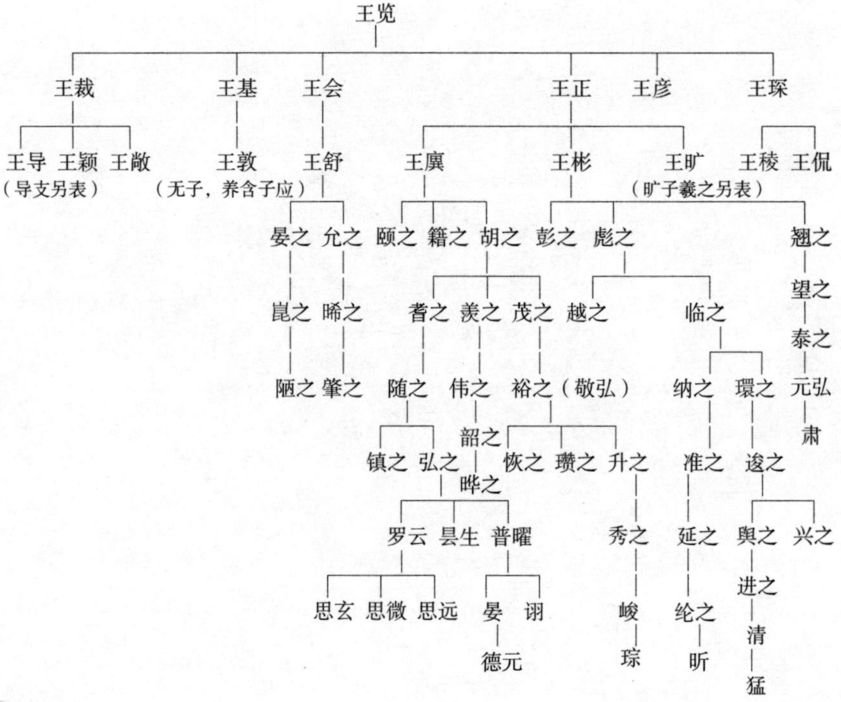

- 王祥
  - 肇
    - 俊
      - 遐
  - 夏
  - 馥
    - 根
  - 烈
  - 芬

- 王览
  - 王裁
    - 王导（导支另表）
    - 王颖
    - 王敞
  - 王基
    - 王敦（无子，养含子应）
  - 王会
    - 王舒
      - 晏之
        - 崑之
          - 陋之
      - 允之
        - 晞之
          - 肇之
  - 王正
    - 王廙
      - 颐之
      - 籍之
      - 胡之
        - 耆之
          - 随之
            - 镇之
            - 弘之
              - 罗云
                - 思玄
                - 思微
                - 思远
              - 昙生
              - 普曜
                - 晏
                  - 德元
                - 诩
        - 羡之
          - 伟之
            - 韶之
              - 晔之
        - 茂之
          - 裕之（敬弘）
            - 恢之
            - 瓒之
            - 升之
              - 秀之
                - 峻
                  - 琮
    - 王彬
      - 彭之
      - 彪之
        - 越之
        - 临之
          - 纳之
            - 准之
              - 延之
                - 纶之
                  - 昕
          - 環之
            - 逡之
              - 舆之
                - 进之
                  - 清
                    - 猛
              - 兴之
      - 翘之
        - 望之
          - 泰之
            - 元弘
              - 肃
    - 王旷（旷子羲之另表）
  - 王彦
  - 王琛
    - 王稜
    - 王侃

注：1. 王廙，晋元帝姨弟；王敦尚晋武帝女襄城公主。王琮尚齐始兴王女繁昌主。王晔之女为文惠太子妃。

2. 王纳之，《世说新语笺疏》注引《王氏谱》“讷之字永言，琅琊人。祖彪之，光禄大夫。父临之，东阳太守。讷之历尚书左丞、御史中丞”，正史虽属可信，家谱尤不应有误，彼此参互，所当存疑。

3.《南史》王纳之子王准之，字元鲁；《宋书》“准”做“淮”字，“鲁”为“曾”，依《南史》所记为准。

4.《南齐书》卷 52 载：“逡之从弟珪之，”珪之子颢。珪之父未详记。

王导支系

导共六子：悦、恬、洽、协、劭、荟，支系颇繁，除王恬（史籍对其子嗣无记载）外，其余诸子各列一表，便于明晰其族系。

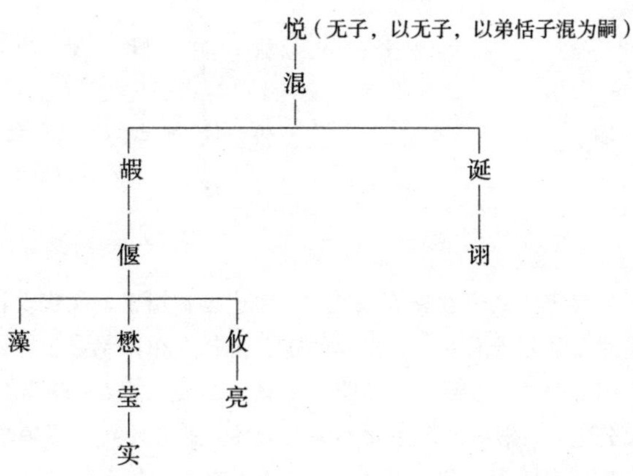

注：1. 王嘏尚晋孝武帝司马曜女鄱阳公主；王偃尚宋武帝第二女吴兴长公主；王俭尚宋明帝阳羡公主；王藻尚宋文帝第六女临川长公主；王莹尚宋临淮公主；王亮宋末选尚公主。

2. 王混，《晋书·王导传》、《宋书》卷52作“混”字，《南史》卷23载恬子“琨”，今从《晋书》、《宋书》。

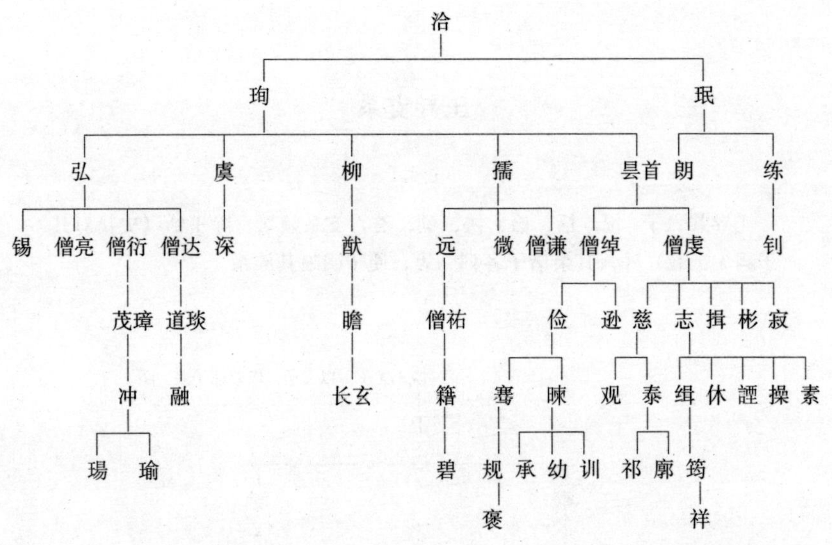

注：1. 王志尚宋孝武帝女安固公主；王僧达妻临川王刘义庆女；王茂璋妻梁武帝妹新安公主；王僧绰尚宋文帝长女东阳献公主；王俭尚宋明帝阳羡公主；王慈女王韶明为郁林王新安王妃；王暕尚齐明帝淮南长公主；王彬尚齐高帝女临海长公主；王俭孙女王蕣华初为随王萧子隆妃，后为齐和帝王皇后；王观尚梁武帝长女吴县公主。王骞女王灵宾为梁简文帝皇后。

2. 王僧虔子数不详，寂为第九子。

3. 王冲共 30 子，史书仅录瑒、瑜二子。

4. 王暕子,《南史》记三子：承，幼，训；《梁书》记四子：训，承，稚，评。

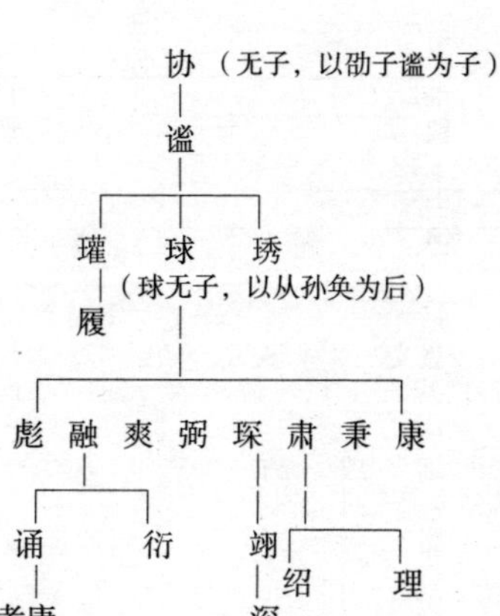

注：1.《晋书》卷65王谧本传中有“谧从弟谌”语，《南齐书》卷三四有王谌本传：“字仲和，东海郯人也。”非琅玡王氏。“谌”史书中未载。

2.《南史》卷23王奂传载：“琛弟肃、秉并奔魏。”《北史》卷42王肃本传载“肃弟康，字文政，涉猎书史，微有兄风。宣武初，携兄子诵、翊、衍等入朝。”《南史》中未见载“康”，王肃奔魏时为永明十一年（493）。宣武为拓跋元恪谥号，元恪500—515年在位。

3.王肃女为魏宣武帝夫人，魏孝明帝拓跋元诩纳绍女为嫔。

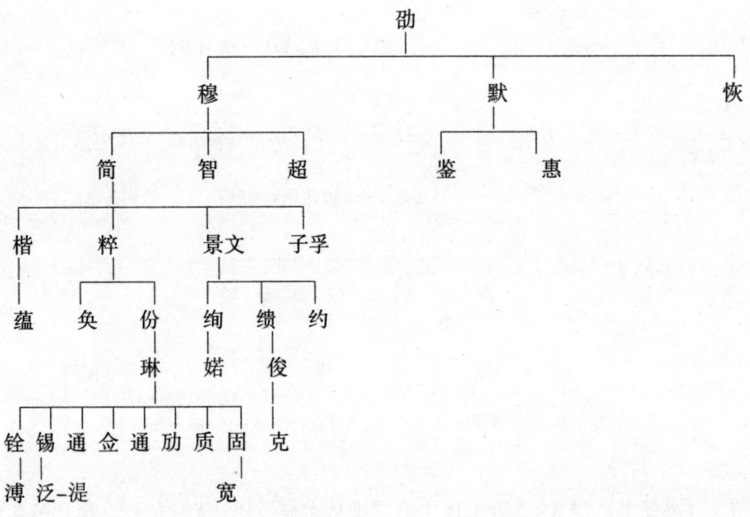

注：1. 王缋女适齐武帝宠子安陆王萧子敬；王琳尚梁武帝妹义兴长公主；王铨尚梁武帝女永嘉公主；王溥尚梁简文帝女余姚公主；王固女为陈文帝皇太子妃；宋高祖刘裕第五女新安公主先适太原王景深，离绝，当以适景文，景文以疾固辞，故不成婚。宋太宗刘彧娶景文妹，为明恭王皇后。

2.《宋书》卷 85 有“景文弟子孚，……官至司徒记事参军。”《南史》中未见载。

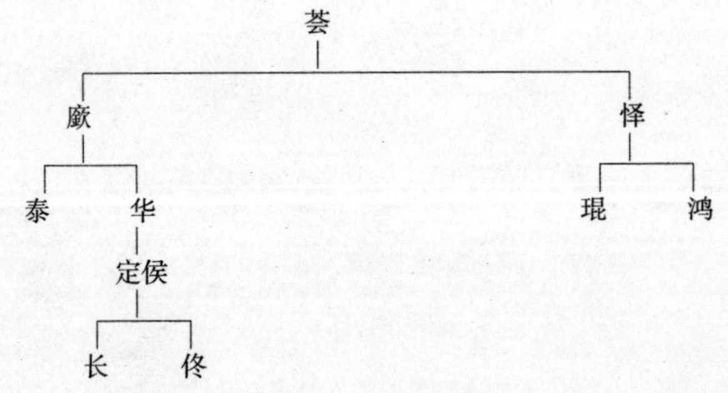

注：《宋书》卷 63“（王华）子宣侯嗣”，《南史》卷 23 载“子定侯嗣”。

王羲之支系

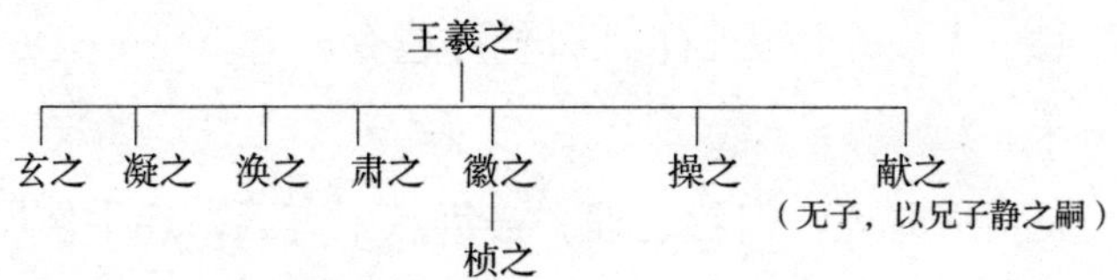

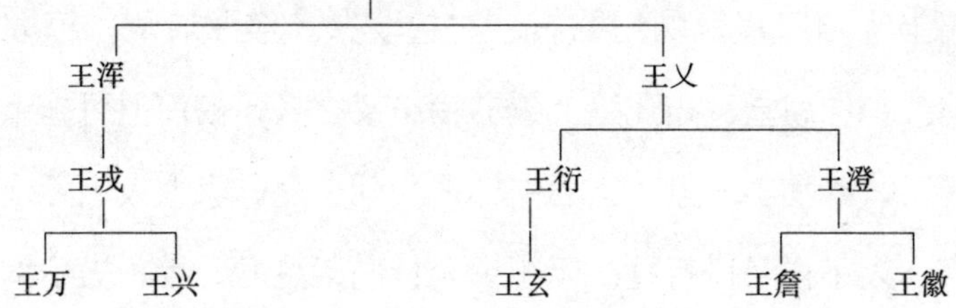

注：戎子万早卒，不齿庶出子兴，故以从弟憘子为嗣。

（二）王羲之家族家训汇编

王祥《训子孙遗令》

夫生之有死，自然之理。吾年八十有五，启手何恨。不有遗言，使尔无述。吾生值季末，登庸历试，无毗佐之勋，没无以报。气绝但洗手足，不烦沐浴，勿缠尸，皆浣故衣，随时所服。所赐山玄玉佩、卫氏玉玦、绶笥皆勿以敛。西芒上土自坚贞，勿用甓石，勿起坟垄。穿深二丈，椁取容棺。勿作前堂、布几筵、置书箱镜奁之具，棺前但可施床榻而已。糒脯各一盘，玄酒一杯，为朝夕奠。家人大小不须送丧，大小祥乃设特牲。无违余命！高柴泣血三年，夫子谓之愚。闵子除丧出见，援琴切切而哀，仲尼谓之孝。故哭泣之哀，日月降杀，饮食之宜，自有制度。夫言行可覆，信之至也；推美引过，德之至也；扬名显亲，孝之至也；兄弟怡怡，宗族欣欣，悌之至也；临财莫过于让：此五者，立身之本。颜子所以为命，未之思也，夫何远之有！（《晋书·王祥传》）

王僧虔《诫子书》

知汝恨吾不许汝学，欲自悔厉，或以阖棺自欺，或更择美业，且得有慨，亦慰穷生。但亟闻斯唱，未睹其实。请从先师听言观行，冀此不复虚身。吾未信汝，非徒然也。往年有意于史，取《三国志》聚置床头百日许，复徙业就玄，自当小差于史，犹未近彷佛。曼倩有云："谈何容易。"见诸玄，志为之逸，肠为之抽，专一书，转诵数十家注，自少至老，手不释卷，尚未敢轻言。汝开《老子》卷头五尺许，未知辅嗣何所道，平叔何所说，马、郑何所异，《指》、《例》何所明，而便盛于尘尾，自呼谈士，此最险事。设令袁令命汝言《易》，谢中书挑汝言《庄》，张吴兴叩汝言《老》，端可复言未尝看邪？谈故如射，前人得破，后人应解，不解即输赌矣。且论注百氏，荆州《八帙》，又《才性四本》，《声无哀乐》，皆言家口实，如客至之有设也。汝皆未经拂耳瞥目。岂有庖厨不脩，而欲延大宾者哉？就如张衡思侔造化，郭象言类悬河，不自劳苦，何由至此？汝曾未窥其题目，未辨其指归；六十四卦，未知何名；《庄子》众篇，何者内外；《八帙》所载，凡有几家；《四本》之称，以何为长。而终日欺人，人亦不受汝欺也。由吾不学，无以为训。然重华无严父，放勋无令子，亦各由己耳。汝辈窃议，亦当云"何越不学？在天地间可嬉戏，何忽自课谪？幸及盛时逐岁暮，何必有所灭？”汝见其一耳，不全尔也。设令吾学如马、郑，亦必甚胜；复倍不如今，亦必大减。致之有由，从身上来也。汝今壮年，自勤数倍许胜，劣及吾耳。世中比例举眼是，汝足知此，不复具言。

吾在世虽乏德业，要复推排人间数十许年，故是一旧物，人或以比数汝等耳。即化之后，若自无调度，谁复知汝事者？舍中亦有少负令誉弱冠越超清级者，于时王家门中，优者则龙凤，劣者犹虎豹，失荫之后，岂龙虎之议？况吾不能为汝荫，政应各自努力耳。或有身经三公，蔑尔无闻；布衣寒素，卿相屈体。或父子贵贱殊，兄弟声名异，何也？体尽读数百卷书耳。吾今悔无所及，欲以前车诫尔后乘也。汝年入立境，方应从官，兼有室累，牵役情性，何处复得下帷如王郎时邪？为可作世中学，取过一生耳。试复三思，勿讳吾言。犹捶挞志辈，冀脱万一，未死之间，望有成就者，不知当有益否？各在尔身己切，岂复关吾邪？鬼唯知爱深松茂柏，宁知子弟毁誉事！因汝有感，故略叙胸怀。（《南齐书·王僧虔传》）

王褒《幼训》

陶士衡曰："昔大禹不吝尺璧而重寸阴。"文士何不诵书，武干何不马射。若乃玄冬修夜，朱明永日，肃其居处，崇其墙仞，门无糅杂，坐阙号呶。以之求学，则仲尼之门人也；以之为文，则贾生之升堂也。古者盘盂有铭，几杖有诫，进退循焉，俯仰观焉。文王之诗曰："靡不有初，鲜克有终。"立身行道，终始若一。"造次必于是"，君子之言欤。

儒家则尊卑等差，吉凶降杀。君南面而臣北面，天地之义也。鼎俎奇而笾豆偶，阴阳之义也。道家则堕支体，黜聪明，弃义绝仁，离形去智。释氏之义，见苦断习，证灭循道，明因辨果，偶凡成圣。斯虽为教等差，而义归汲引。吾始乎幼学，及于知命，既崇周、孔之教，兼循老、释之谈，江左以来，斯业不坠，汝能修之，吾之志也。(《梁书·王褒传》)

王筠《与诸儿书论家世集》

史传称安平崔氏及汝南应氏并累世有文才，所以范蔚宗云："世擅雕龙，然不过父子两三世耳，非有七叶之中，名德重光，爵位相继，人人有集，如吾门世者也。"沈少傅约常语人云："吾少好百家之言，身为四代之史。自开辟已来，未有爵位蝉联，文才相继，如王氏之盛者也。汝等仰观堂构，思各努力。"(《梁书·王筠传》)

编辑主持：方国根　李之美
责任编辑：武丛伟
版式设计：汪　莹

图书在版编目（CIP）数据

琅琊王氏家风／赵静　著．－北京：人民出版社，2015.11
（中国名门家风丛书／王志民　主编）
ISBN 978－7－01－015101－4

I. ①琅…　II. ①赵…　III. ①家庭道德－临沂市　IV. ① B823.1

中国版本图书馆 CIP 数据核字（2015）第 173544 号

琅琊王氏家风
LANGYA WANGSHI JIAFENG

赵　静　著

人民出版社　出版发行
（100706　北京市东城区隆福寺街 99 号）

北京汇林印务有限公司印刷　新华书店经销

2015 年 11 月第 1 版　2015 年 11 月北京第 1 次印刷
开本：880 毫米 ×1230 毫米 1/32　印张：6.375
字数：112 千字

ISBN 978－7－01－015101－4　定价：22.00 元

邮购地址 100706　北京市东城区隆福寺街 99 号
人民东方图书销售中心　电话（010）65250042　65289539